U0236818

水利水电工程施工实用手册

金属结构制造与安装

（下册）

《水利水电工程施工实用手册》编委会　编

中国环境出版社

图书在版编目(CIP)数据

金属结构制造与安装. 下册 /《水利水电工程施工实用手册》编委
会编. —北京:中国环境出版社, 2017.12
(水利水电工程施工实用手册)
ISBN 978-7-5111-3427-1

Ⅰ. ①金… Ⅱ. ①水… Ⅲ. ①水工结构-金属结构-制造②水工
结构-金属结构-安装 Ⅳ. ①TV34

中国版本图书馆 CIP 数据核字(2017)第 292948 号

出 版 人	武德凯	
责任编辑	罗永席	
责任校对	尹 芳	
装帧设计	宋 瑞	

出版发行　**中国环境出版社**
　　　　　(100062 北京市东城区广渠门内大街 16 号)
　　　　　网　　址:http://www.cesp.com.cn
　　　　　电子邮箱:bjgl@cesp.com.cn
　　　　　联系电话:010-7112765(编辑管理部)
　　　　　　　　　　010-67112739(建筑分社)
　　　　　发行热线:010-67125803,010-67113405(传真)
　　　　　印装质量热线:010-67113404
印　　刷　北京盛通印刷股份有限公司
经　　销　各地新华书店
版　　次　2017 年 12 月第 1 版
印　　次　2017 年 12 月第 1 次印刷
开　　本　787×1092　1/32
印　　张　7.75
字　　数　202 千字
定　　价　22.00 元

《水利水电工程施工实用手册》
编 委 会

《金属结构制造与安装（下册）》

主　　编：陈忠伟　　杨联东

副 主 编：田海鹏　　毛广锋

参编人员：张德华　　杨　豪　　李彦彪　　杨建军
　　　　　彭翔鹏

主　　审：陈洪涛　　章根兴

　　水利水电工程施工虽然与一般的工民建、市政工程及其他土木工程施工有许多共同之处，但由于其施工条件较为复杂，工程规模较为庞大，施工技术要求高，因此又具有明显的复杂性、多样性、实践性、风险性和不连续性的特点。如何科学、规范地进行水利水电工程施工是一个不断实践和探索的过程。近 20 年来，我国水利水电建设事业有了突飞猛进的发展，一大批水利水电工程相继建成，取得了举世瞩目的成就，同时水利水电施工技术水平也得到极大的提高，很多方面已达到世界领先水平。对这些成熟的施工经验、技术成果进行总结，进而推广应用，是一项对企业、行业和全社会都有现实意义的任务。

　　为了满足水利水电工程施工一线工程技术人员和操作工人的业务需求，着眼提高其业务技术水平和操作技能，在中国水利工程协会指导下，湖北水总水利水电建设股份有限公司联合湖北水利水电职业技术学院、中国水电基础局有限公司、中国水电第三工程局有限公司制造安装分局、郑州水工机械有限公司、湖北正平水利水电工程质量检测公司、山东水总集团有限公司等十多家施工单位、大专院校和科研院所，共同组成《水利水电工程施工实用手册》丛书编委会，组织编写了《水利水电工程施工实用手册》丛书。本套丛书共计 16 册，参与编写的施工技术人员及专家达 150 余人，从 2015 年 5 月开始，历时两年多时间完成。

　　本套丛书以现场需要为目的，只讲做法和结论，突出"实用"二字，围绕"工程"做文章，让一线人员拿来就能学，学了就会用。为达到学以致用的目的，本丛书突出了两大特点：一是通俗易懂、注重实用，手册编写是有意把一些繁琐的原理分析去掉，直接将最实用的内容呈现在读者面前；二是专业独立、相互呼应，全套丛书共计 16 册，各册内容既相互关联,又相对独立,实际工作中可以根据工程和专业需要,选择一本或几本进行参考使用,为一线工程技术人员使用本手册提供最大的便利。

《水利水电工程施工实用手册》丛书涵盖以下内容:

1)工程识图与施工测量;2)建筑材料与检测;3)地基与基础处理工程施工;4)灌浆工程施工;5)混凝土防渗墙工程施工;6)土石方开挖工程施工;7)砌体工程施工;8)土石坝工程施工;9)混凝土面板堆石坝工程施工;10)堤防工程施工;11)疏浚与吹填工程施工;12)钢筋工程施工;13)模板工程施工;14)混凝土工程施工;15)金属结构制造与安装(上、下册);16)机电设备安装。

在这套丛书编写和审稿过程中,我们遵循以下原则和要求对技术内容进行编写和审核:

1)各册的技术内容,要求符合现行国家或行业标准与技术规范。对于国内外先进施工技术,一般要经过国内工程实践证明实用可行,方可纳入。

2)以专业分类为纲,施工工序为目,各册、章、节格式基本保持一致,尽量做到简明化、数据化、表格化和图示化。对于技术内容,求对不求全,求准不求多,求实用不求系统,突出丛书的实用性。

3)为保持各册内容相对独立、完整,各册之间允许有部分内容重叠,但本册内应避免出现重复。

4)尽量反映近年来国内外水利水电施工领域的新技术、新工艺、新材料、新设备和科技创新成果,以便工程技术人员参考应用。

参加本套丛书编写的多为施工单位的一线工程技术人员,还有设计、科研单位和部分大专院校的专家、教授,参与审核的多为水利水电行业内有丰富施工经验的知名人士,全体参编人员和审核专家都付出了辛勤的劳动和智慧,在此一并表示感谢! 在丛书的编写过程中,武汉大学水利水电学院的申明亮、朱传云教授,三峡大学水利与环境学院周宜红、赵春菊、孟永东教授,长江勘测规划设计研究院陈勇伦、李锋教授级高级工程师,黄河勘测规划设计有限公司孙胜利、李志明教授级高级工程师等,都对本书的编写提出了宝贵的意见，我们深表谢意！

中国水利工程协会组织并主持了本套丛书的审定工作，有关领导给予了大力支持，特邀专家们也都提出了修改意见和指导性建议，在此表示衷心感谢！

由于水利水电施工技术和工艺正在不断地进步和提高，而编写人员所收集、掌握的资料和专业技术水平毕竟有限，书中难免有很多不妥之处乃至错误，恳请广大的读者、专家和工程技术人员不吝指正，以便再版时增补订正。

让我们不忘初心，继续前行，携手共创水利水电工程建设事业美好明天！

《水利水电工程施工实用手册》编委会

2017 年 10 月 12 日

前　言

上　册

下　册

第五章

水工钢闸门及埋件安装

第一节　钢闸门及埋件安装施工基本知识

一、闸门类型介绍

水工建筑物中的闸门安装于溢流坝段、溢洪道、泄水孔、水工隧洞和水闸等建筑物的孔口内，用于控制上下游水位，宣泄洪水，排除泥沙和漂浮物等，它是水工建筑物的重要组成部分。在水利水电工程中，闸门组成包括三部分：①主体活动部分，通称闸门或门叶；②埋固部分，亦称埋件；③启闭设备。

闸门按其工作性质可分为工作闸门、事故闸门和检修闸门等。工作闸门承担上述各项主要任务，并能在动水中启闭，有些工程为调节流量还要求闸门能够部分开启。事故闸门用在建筑物或设备出现事故时，在动水中关闭孔口，阻断水流，防止事故扩大，这类闸门也称快速门；在事故排除后向门后充水平压，在静水中开启。检修闸门用以短期挡水，以便检修建筑物、设备等，一般在静水中启闭。

闸门按门叶材料可分为钢闸门、钢筋混凝土闸门、钢丝网水泥闸门、木闸门及铸铁闸门等；按照构造和动作特征可分为：平面闸门、弧形闸门、人字门、叠梁门、转动式门（包括舌瓣闸门、翻板闸门、盖板门、拍门）、扇形门、圆辊闸门（形同横卧圆管，可沿门槽内轨道滚动，滚到底即可封堵孔口）、浮体闸（可以借水力自动启闭）。

根据水利水电工程施工特点，本章钢闸门及埋件安装施工主要介绍平面闸门及埋件、弧形闸门及埋件和人字门的安装。

二、平面钢闸门

平面闸门由于其结构简单,便于制造、安装、运输、检修和维护,互换性好等优点,普遍用于工作门、事故门和检修门。平面闸门的门叶由承重结构[包括面板、横向梁系、竖向(纵向)梁系和支撑边梁等]、行走支承、止水装置和吊耳等组成,见图 5-1、图 5-2。

图 5-1 平面定轮门

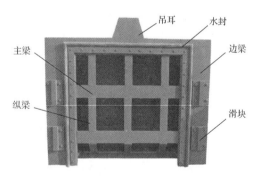

图 5-2 平面滑块门

三、弧形闸门

弧形闸门不设门槽,不影响孔口水流流态,不易产生空蚀损坏,局部开启条件好,需要的启闭力小,因此,弧形闸门是工作闸门的常用形式。

弧形闸门一般分露顶式和潜孔式,两者主要区别在于潜孔式弧门有门楣止水,具体结构形式详见图 5-3、图 5-4。

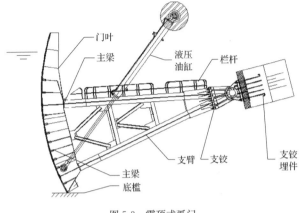

图 5-3　露顶式弧门

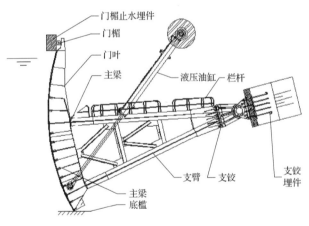

图 5-4　潜孔式弧门

弧形闸门的承重结构由弧形面板、主梁、次梁、(纵向)联接系、起重桁架、支臂和支铰、止水装置等组成,实例见图 5-5、图 5-6。

图 5-5 弧形闸门安装现场示意图

图 5-6 弧形闸门厂内总拼示意图

四、人字闸门

人字闸门一般只能在静水中操作,普遍应用于单向水级船闸中的工作闸门,近年也有用在双向水级的船闸上。它的优点如下:①可封闭相当大面积孔口;②闸门受力情况类似于三铰拱,对结构有利,比较经济;③所需启闭力较小;④通航净空不受限制。人字门缺点如下:①不能在动水中操作运行;②门叶的抗扭刚度较小,长期操作运行容易发生扭曲变形,以至漏水较严重;③闸门长期处于水中,其水下部分检修维护比较困难;④与直升式平面闸门或横拉式闸门比较,闸首较长。

人字闸门门叶的梁系布置有横梁式和竖梁式两种。一般当门叶是扁宽形时才采用竖梁式,其顶部应设一承重的横梁;大部分人字闸门均采用横梁式。大型人字门为了减少承重底枢的负荷,有将闸门水下部分设计成箱形,利用浮力抵消部分门重。

小型船闸有时不用人字形双扇闸门,而仅用单扇闸门,也就是一字门,其操作和布置与人字门类似。详见图5-7、图5-8。

图 5-7　人字门结构以及安装现场

图 5-8　人字门船闸实例图

五、钢闸门及埋件安装施工常用规范及标准

(1)《水利水电工程钢闸门制造、安装及验收规范》(GB/T 14173—2008);

（2）《水电工程钢闸门制造安装及验收规范》（NB/T 35045—2014）；

（3）《水工金属结构焊接通用技术条件》（SL 36—2016）；

（4）《焊缝无损检测　超声检测技术、检测等级和评定》（GB/T 11345—2013）；

（5）《焊缝无损检测　焊缝磁粉验收等级》（GB/T 26952—2011）；

（6）《焊缝无损检测　焊缝渗透检测验收等级》（GB/T 26953—2011）；

（7）《焊缝无损检测　磁粉检测》（GB/T 26951—2011）；

（8）《无损检测　焊缝磁粉检测》（JB/T 6061—2007）；

（9）《无损检测　焊缝渗透检测》（JB/T 6062—2007）；

（10）《金属熔化焊焊接接头射线照相》（GB/T 3323—2005）；

（11）《无损检测　人员资格鉴定与认证》（GB/T 9445—2015）；

（12）《水工金属结构防腐蚀规范》（SL 105—2007）；

（13）《涂覆涂料前钢材表面处理　表面清洁度的目视评定　第1部分：未涂覆过的钢材表面和全面清除原有涂层后的钢材表面的锈蚀等级和处理等级》（GB/T 8923.1—2011）；

（14）《金属和其他无机覆盖层 热喷涂操作安全》（GB/T 11375—1999）；

（15）《形状和位置公差　未注公差值》（GB/T 1184—1996）；

（16）《钢结构用高强度大六角头螺栓、大六角螺母、垫圈技术条件》（GB/T 1231—2006）；

（17）《钢结构高强度螺栓连接技术规程》（JGJ 82—2011）；

（18）《焊工技术考核规程》（DL/T 679—2012）；

（19）《水电水利工程施工安全防护设施技术规范》（DL 5162—2013）；

（20）《水电水利工程金属结构与机电设备安装安全技术

规程》(SL 400—2007)。

第二节　钢闸门及埋件安装主要施工设备

一、常用测量仪器

1. 水准仪

水准仪的主要功能是用来测量标高和高程。按构造又可分为定镜水准仪、转镜水准仪、微倾水准仪、自动安平水准仪。在水准仪上附有专用配件后,可组成激光水准仪。

水准仪应用于建筑工程测量控制网标高基准点的测设以及厂房、大型设备基础沉降观测的测量。在金属结构设备安装施工中用于控制网标高基准点的测设及安装过程中对设备标高的测量控制。

2. 经纬仪

经纬仪广泛用于控制地形及施工放样测量。按读数设备分为游标经纬仪、光学经纬仪、电子(自动显示)经纬仪。光学经纬仪的主要功能是纵、横轴线(中心线)以及垂直度的控制测量等。光学经纬仪主要应用于机电工程建(构)筑物建立平面控制网的测量以及厂房(车间)柱安装铅垂度的控制测量。在金属结构设备安装施工中用于测量纵向、横向中心线,建立安装测量控制网并在安装全过程进行测量控制。

3. 全站仪

全站仪具有角度、距离、三维坐标、交会定点、放样测量等多种用途,是一种采用红外线自动数字显示的测量仪器,它与普通测量仪器不同的是进行水平距离测量时省去了钢板尺。

4. 激光测量仪器

常见激光测量仪器有激光准直仪和激光指向仪、激光准直(铅直)仪、激光经纬仪、激光水准仪、激光平面仪。

(1) 激光准直仪和激光指向仪。两者构造相近,用于沟渠、隧道或管道施工,大型机械安装,建筑物变形观测。目前激光准直精度已达 $10^{-5} \sim 10^{-6}$。

（2）激光准直(铅直)仪。用于高层建筑、烟囱、电梯等施工过程中的垂直定位及以后的倾斜观测,精度可达 0.5×10^{-4}。激光准直(铅直)仪的应用范围:主要应用于大直径、长距离、回转型设备同心度的找正测量以及高塔体、高塔架安装过程中同心度的测量控制。

（3）激光平面仪。激光平面仪的铅直光束通过五棱镜转化为水平光速旋转扫描,给出激光水平面,可达 0.002mm/m 的精度,适用于提升施工的滑模平台、网形屋架的水平控制和大面积混凝土楼板支模、灌注及抄平工作,精确方便、省力省工。

二、起重机械

按照国家标准《起重机械分类》(GB/T 20776—2006),金属结构安装工程常用起重机械可分为轻小型起重设备、起重机等。

常用轻小型起重设备有:千斤顶(包括机械千斤顶、液压千斤顶)、滑车(包括吊钩型滑车、链环型滑车、吊环型滑车)、起重葫芦(包括手拉葫芦、手扳葫芦、电动葫芦、气动葫芦、液压葫芦)、卷扬机等。

常用起重机有:流动式起重机(包括汽车起重机、履带起重机、轮胎起重机、随车起重机)、桥式起重机、塔式起重机、桅杆起重机、缆索起重机等。

汽车起重机:有液压升缩臂,起重能力为 8～550t,臂长在 27～120m;有钢管结构臂,起重能力为 70～250t,臂长在 27～114.5m。特点:机动灵活,使用方便,可单机、双机吊装,也可多机抬吊。

履带起重机:起重能力为 30～2000t,臂长 39～190m。特点:中小重物可吊重行走,机动灵活,使用方便,使用周期长,经济性好。可单机、双机吊装,也可多机抬吊。

桥式起重机:起重能力为 3～1000t,跨度 3～150m。特点:使用方便。多布置在坝顶、厂房内使用。一般为单机作业,也可双机抬吊。

塔式起重机:起重能力为 3～100t,臂长 40～80m。特点:使用地点固定,使用周期长。一般为单机作业,也可双机抬吊。

缆索起重机:用在其他吊装设备方法不便或不经济的作业场所,吊装重量不大,但跨度、高度较大。

三、焊接设备

(1) 根据焊接自动化程度分为手工焊机和自动焊机。手工焊机主要有交流焊机、直流焊机、CO_2 气保焊机、氩弧焊机、混合气体保护焊机等。自动焊机主要包括焊接机器手、环纵缝自动焊机,变位机,焊接中心,龙门焊等。

(2) 埋弧焊机依靠颗粒状焊剂堆积形成保护条件,主要用于平(俯位)位置、长焊缝焊接。有自动焊机、半自动焊机两大类,生产效率高、焊接质量好、劳动条件好,不适合薄板焊接,难以焊接铝、钛等氧化性强的金属及其合金。

(3) 钨极氩弧焊机的电弧热集中,热影响区小,焊接变形小,焊缝成形好、内外无熔渣和飞溅,适合有清洁要求的焊件。熔化极氩弧焊比手工钨极氩弧焊生产效率高 3～5 倍,最适合焊接铝、镁、铜及其合金、不锈钢和稀有金属中厚板的焊接。

(4) CO_2 气体保护焊机生产效率高、焊接应力变形小、焊接质量高、操作简便。但飞溅较大、弧光辐射强,不能焊接易氧化的有色金属,作业环境风速大于 $2m/s$ 时需采取防风措施。

(5) 等离子弧焊机具有温度高、能量集中、较大冲击力、比一般电弧稳定、参数调节范围广的特点。

第三节　钢闸门及埋件安装通用技术

一、测量技术

1. 高程测量

测量方法有高差法和仪高法。高差法采用水准仪和水准尺测定待测点与已知点之间的高差,通过计算得到待定点高程;仪高法采用水准仪和水准尺,只需计算一次水准仪的高程,就可以测算几个前视点的高程。

2. 基准线测量

利用经纬仪和检定钢尺,测定待定位点后,每两个点都可连成直线,根据两点成一直线原理确定基准线。

3. 安装施工测量步骤

建立测量控制网→设置纵横中心线→设置标高基准点→安装过程测量→实测记录等。

二、起重技术

1. 起重机选用的基本参数

起重机选用的基本参数主要有吊装载荷、额定起重量、最大幅度、最大起升高度等,这些参数是制定吊装技术方案的重要依据。

(1) 吊装载荷。被吊物(设备或构件)在吊装状态下的重量和吊、索具重量(流动式起重机一般还应包括吊钩重量和从臂架头部垂下至吊钩的起升钢丝绳重量)。

(2) 吊装计算载荷 Q_j:

$$Q_j = k_1 \times k_2 \times Q \qquad (5-1$$

式中:Q——分配到一台起重机的吊装载荷,包括设备及索吊具重量;

k_1——动载荷系数,起重吊装工程计算中一般取动载系数 $k_1 = 1.1$;

k_2——不均衡载荷系数,一般取不均衡载荷系数 $k_2 = 1.1 \sim 1.25$。

2. 流动式起重机的选用步骤

流动式起重机的选用必须依照其特性曲线图、表进行,选择步骤如下:

(1) 根据被吊装设备或构件的就位位置、现场具体情况等确定起重机的站车位置,站车位置一旦确定,其幅度也就确定了。

(2) 根据被吊装设备或构件的就位高度、设备尺寸、吊索高度等和站车位置(幅度),由起重机的起重特性曲线确定其臂长。

(3) 根据上述已确定的幅度(回转半径)、臂长,由起重机的起重性能表或起重特性曲线确定起重机的额定起重量。

（4）如果起重机的额定起重量大于计算载荷，则起重机选择合格，否则重新选择。

（5）计算吊臂与设备之间、吊钩与设备及吊臂之间的安全距离若符合规范要求，选择合格，否则重选。

3. 吊具的选用原则

（1）钢丝绳的许用拉力 T 计算公式：

$$T = P/K \tag{5-2}$$

式中：P——钢丝绳破断拉力，MPa，以国家标准或生产厂提供的数据为准；

K——安全系数。

钢丝绳做缆风绳的安全系数不小于 3.5，做滑轮组跑绳的安全系数一般不小于 5，做吊索的安全系数一般不小于 8，如果用于载人，则安全系数不小于 12～14。

（2）滑轮组。滑轮组的选用按以下步骤进行：

1）根据受力分析与计算确定的滑轮组载荷 Q 选择滑轮组的额定载荷和门数。

2）计算滑轮组跑绳拉力 S_0 并选择跑绳直径。

3）注意所选跑绳直径必须与滑轮组相配。

4）根据跑绳的最大拉力 S_0 和导向角度计算导向轮的载荷并选择导向轮。滑轮组在工作时因摩擦和钢丝绳的刚性的原因，每一分支跑绳的拉力不同，跑绳拉力最小在固定端，最大在拉出端。

4. 吊装方案的基本选择步骤

（1）技术可行性论证。对多个吊装方法进行比较，从先进可行、安全可靠、经济适用、因地制宜等方面进行技术可行性论证。

（2）安全性分析。吊装工作应安全第一，必须结合具体情况，多个作业方案比较，对每一种技术可行的方法从技术上进行安全分析，找出不安全的因素和解决的办法，并分析其可靠性。

（3）进度质量分析。吊装工作往往制约着整个工程的进度,所以必须对不同的吊装方法进行工期分析,所采用的方法不能影响整个工程的进度。

(4)成本分析。对安全和进度均符合要求的方法进行最低成本核算,以较低的成本获取合理利润。

(5)综合选择。根据具体工程的特点和各方面情况作综合选择。

5. 吊装方案的管理

(1)施工单位应当在危险性较大的分部分项工程施工前编制专项方案,专项方案应当由施工单位技术部门组织本单位施工、技术、安全、质量等部门的专业技术人员进行审核。经审核合格的,由施工单位技术负责人签字。实行施工总承包的,专项方案应当由总承包单位技术负责人及相关专业承包单位技术负责人签字。

(2)属于超过一定规模的危险性较大的分部分项工程,即采用非常规起重设备、方法,且单件起吊重量在 100kN 及以上的起重吊装工程,起吊重量 300kN 及以上起重设备安装工程,吊装方案由施工单位组织专家对专项方案进行论证,再经施工企业技术负责人审批,并报项目总监理工程师审核签字。实行总承包管理的项目,由总承包单位组织专家论证会。

(3)专项方案经论证后,专家组应当提交论证报告,对论证的内容提出明确的意见。施工单位应当根据论证报告修改完善专项方案,并经施工单位技术负责人、项目总监理工程师、建设单位项目负责人签字后方可组织实施。实行施工总承包的,应当由施工总承包单位、相关专业承包单位技术负责人签字。

(4)吊装方案技术交底。吊装施工前,吊装方案编制技术人员应对参与施工的人员进行技术交底。吊装方案技术交底内容:施工程序和顺序、操作方法和要领、进度安排、组织分工、质量和安全技术措施等。

三、焊接技术

1. 焊条的选用原则

(1)考虑焊缝金属的力学性能和化学成分。对于普通结构钢,通常要求焊缝金属与母材等强度,应选用熔敷金属抗拉强度等于或稍高于母材的焊条。对于合金结构钢有时还要求合金成分与母材相同或接近。在焊接结构刚性大、接头应力高、焊缝易产生裂纹的不利情况下,应考虑选用比母材强度低的焊条。当母材中碳、硫、磷等元素的含量偏高时,焊缝中易产生裂纹,应选用抗裂性能好的低氢型焊条。

(2)考虑焊接构件的使用性能和工作条件。对承受动载荷和冲击载荷的焊件,除满足强度要求外,主要应保证焊缝金属具有较高的塑性和韧性,可选用塑、韧性指标较高的低氢型焊条。接触腐蚀介质的焊件,应根据介质的性质及腐蚀特征选用不锈钢类焊条或其他耐腐蚀焊条。在高温、低温、耐磨或其他特殊条件下工作的焊件,应选用相应的耐热钢、低温钢、堆焊或其他特殊用途焊条。

(3)考虑焊接结构特点及受力条件。对结构形状复杂、刚性大的厚大焊件,在焊接过程中,冷却速度快,收缩应力大,易产生裂纹,应选用抗裂性好、韧性好、塑性高、氢裂纹倾向低的焊条。如低氢型焊条、超低氢型焊条和高韧性焊条等。

(4)考虑施焊条件。当焊件的焊接部位不能翻转时,应选用适用于全位置焊接的焊条。对受力不大、焊接部位难以清理的焊件,应选用对铁锈、氧化皮、油污不敏感的酸性焊条。

(5)考虑生产效率和经济性。在酸性和碱性焊条都可以满足要求时,应尽量选用酸性焊条。

2. 常用的焊接方法

(1)电弧焊。以电极与工件之间燃烧的电弧作为热源,是目前应用最广泛的焊接方法。

(2)钨极气体保护焊。属于不(非)熔化极电弧焊,它是利用电极和工件之间的压缩电弧(转移电弧)实现焊接,电极常用钨极,产生等离子弧的等离子气可用氩气、氮气、氦气或其中两者的混合气,焊接可添加或不添加金属。等离子电弧挺直,能量密度大,电弧穿透能力强。焊接时产生的小孔效应,对一定厚度内的金属可不开坡口对接,生产效率高,焊缝质量好。

3. 焊接工艺评定

(1) 焊接工艺评定一般要求：

1) 焊接工艺评定应以可靠的钢材焊接性能为依据，并在工程施焊之前完成。

2) 焊接工艺评定所用的设备、仪表应处于正常工作状态，钢材、焊接材料必须符合相应标准，由本单位技能熟练的焊接人员使用本单位焊接设备焊接试件。

3) 主持评定工作和对焊接及试验结果进行综合评定的人员应是焊接工程师。

4) 完成评定后资料应汇总，由焊接工程师确认评定结果。

5) 经审查批准后的评定资料可在同一质量管理体系内通用。

(2) 评定规则：

1) 改变焊接方法必须重新评定；当变更焊接方法的任何一个工艺评定的重要因素时，须重新评定；当增加或变更焊接方法的任何一个工艺评定的补加因素时，按增加或变更的补加因素增焊冲击试件进行试验。

2) 任一钢号母材评定合格的，可以用于同组别号的其他钢号母材；同类别号中，高组别号母材评定合格的，也适用于该组别号与低组别号的母材组成的焊接接头。

3) 改变焊后热处理类别，需重新进行焊接工艺评定。

4) 首次使用的国外钢材，必须进行工艺评定。

5) 常用焊接方法中焊接材料、保护气体、线能量等条件改变时，需重新进行工艺评定。

4. 焊接应力与焊接变形及其控制

(1) 焊接应力、焊接残余应力。焊接过程中由于温度场的变化及焊件间的约束，在焊缝及附近区域产生的应力称为焊接应力。焊接过程中产生的应力超过材料的弹性极限，以致冷却后在焊件中留有未能消除的应力称为焊接残余应力。

(2) 降低焊接应力的措施。

1) 设计措施：①构件设计时尽量减少焊缝的数量和尺寸，可减小变形量，同时降低焊接应力；②构件设计时应避免焊缝过于集中,从而避免焊接应力峰值叠加;③优化设计结构,如将容器的接管口设计成翻边式,少用承插式。

2)工艺措施:①采用较小的焊接线能量;②合理安排装配焊接顺序;③层间进行锤击;④预热拉伸补偿焊缝收缩(机械拉伸或加热拉伸);⑤焊接高强钢时,选用塑性较好的焊条;⑥采用整体预热;⑦消氢处理;⑧采用热处理的方法;⑨利用振动法来消除焊接残余应力。

5. 后检验

(1)外观检验:

1)利用低倍放大镜或肉眼观察焊缝表面是否有咬边、夹渣、气孔、裂纹等表面缺陷。

2)用焊接检验尺测量焊缝余高、焊瘤、凹陷、错口等。

3)检验焊件是否变形。

例如,大型立式圆柱形储罐焊接外观检验要求,对接焊缝的咬边深度,不得大于0.5mm;咬边的连续长度,不得大于100mm;焊缝两侧咬边的总长度,不得超过该焊缝长度的10%;咬边深度的检查,必须将焊缝检验尺与焊道一侧母材靠紧。

(2)致密性试验:

1)液体盛装试漏。对于不承压的容器、设备、管道,可采用直接盛装检验用液体的方法,通过检查容器、设备、管道的焊缝外侧是否有渗漏以试验焊缝致密性。

2)氨气试验。焊缝一侧通入氨气,另一侧焊缝贴上浸过酚酞—酒精、水溶液的试纸,若有渗漏,试纸上呈红色。

3)真空箱试验。在焊缝上涂上发泡剂(例如肥皂水),用真空箱覆盖在涂有发泡剂的待检焊缝上,抽真空。若有渗漏,会透过真空箱的观察视窗观察到有气泡产生。真空试漏箱检测法适用于焊缝另一侧为封闭的场所,例如储罐罐底焊缝。

(3)无损检测:

1)射线探伤方法(RT)。目前应用较广泛的射线探伤方法是利用X、γ射线源发出的贯穿辐射线穿透焊缝后使胶片感光,焊缝中的缺陷影像便显示在经过处理后的射线照相上,能发现焊缝内部气孔、夹渣、裂纹及未焊透等缺陷。

2）超声波探伤（UT）。利用压电换能器件,通过瞬间电激发产生脉冲振动,借助于声耦合介质传入金属中形成超声波,超声波在传播时遇到缺陷就会反射并返回到换能器,再把声脉冲转换成电脉冲,测量该信号的幅度及传播时间就可评定工件中缺陷的位置及严重程度。超声波比射线探伤灵敏度高,灵活方便,且周期短、成本低、效率高、对人体无害,但显示缺陷不直观,对缺陷判断不精确,受探伤人员经验和技术熟练程度影响较大。

3）渗透探伤（PT）。液体渗透探伤主要用于检查坡口表面、碳弧气刨清根后或焊缝缺陷清除后的刨槽表面、工卡具清除的表面以及不便磁粉探伤部位的表面开口缺陷。

4）磁粉探伤（MT）。

5）涡流探伤（ET）。利用探头线圈内流动的高频电流可在焊缝表面感应出涡流的效应,有缺陷会改变涡流磁场,引起线圈输出（如电压或相位）变化来反映缺陷。其检验参数控制相对困难,可检验导电材料表面或焊缝与堆焊层表面或近表面缺陷。

6）超声波衍射时差法（TOFD）。

四、钢闸门及埋件安装现场焊接

1. 闸门和埋件的现场焊缝

（1）门槽主、反轨节间的水密封焊缝;

（2）主、反轨与底坎、门楣间的水密封焊缝;

（3）一期插筋与门槽埋件加固件间的连接焊缝;

（4）门叶节间焊缝;

（5）支臂与铰座连接焊缝;

（6）抗剪板焊缝;

（7）支臂花架梁及支臂间连系梁与支臂间的焊缝;

（8）支臂与连接板的组合焊缝及角焊缝。

2. 焊接工艺评定报告编制

焊接工艺评定程序:母材和焊接材料性能试验→确定焊接工艺参数→制定焊接工艺指导书→对制定的焊接工艺进

行评定,并编制焊接工艺评定报告。

3. 焊接工艺规程编制

焊接工艺规程编制程序:焊接工艺评定→调整工艺参数(预热温度、层间温度、线能量及焊接工艺)→确定正确的工艺参数和焊接工艺→焊接工艺规程编制。

4. 焊接材料的选择

根据焊接工艺评定试验结果选择焊接材料,焊接材料必须符合国家相关焊接材料标准要求,具备产品说明书和使用说明书,并进行抽样检查。

(1) 焊接材料选用安装施工图纸中规定的焊条,必须符合国标的相关要求,其熔敷金属力学性能和化学成分等各项指标符合图纸技术要求和相关的标准,常用手工电弧焊所选焊条直径 $\phi 3.2mm$ 和 $\phi 4.0mm$。

(2) 焊条入库前必须按焊接材料保管制度进行外观、包装及质量证明书等方面的检验。验收合格的焊条暂时入库存放,存放应注意以下几点:储存库应保持适宜的温度、湿度(库内温度在 5℃ 以上,相对湿度不超过 60%);焊接材料应放在货架上,离地离墙的间距必须在 200mm 以上,以防吸潮,又便于通风。

5. 焊接方法

安装现场主要采用手工电弧焊。根据焊接规范确定焊接速度、焊接顺序和其他工艺参数,持证焊工根据工艺书规定进行焊接,并做好记录。

(1) 焊前准备。

1) 焊前清理:清理焊缝及焊缝坡口两侧各 50~100mm 范围内的氧化皮、铁锈、油污及其他杂物,并打磨坡口出金属光泽;对母材部分的缺陷做彻底打磨处理,并做好记录。每一焊道焊完后也应及时清理,检查合格后再焊。

2) 设置测量焊接变形参考点。

3) 准备测量焊接弧度的样板。

4) 准备各项焊接辅助设施。

5) 施焊前,对组装尺寸超差的进行校正,错台采用卡具校正,不得用锤击或其他损坏设备的器具校正。

6) 焊条的烘焙及发放:焊条的发放、烘焙设专人负责,并及时做好实测温度和焊条的发放记录。烘焙温度和时间严格按厂家说明书的规定进行。烘焙后的焊条保存在 100～150℃的恒温箱内,药皮应无脱落和明显的裂纹。现场使用的焊条必须装入保温筒内,保温桶必须接好电源、盖好盖,焊接时随用随取,禁止使用未经烘干的焊条施焊。焊条在保温筒内的时间不超过 4h,超过应重新烘焙,重复烘焙的次数不宜超过 2 次。

(2) 焊前预热。

1) 根据工艺评定结果对需要预热的焊缝必须进行焊前预热,其定位焊缝和主缝均应预热(定位焊预热温度较主焊缝预热温度提高 20～30℃,并在焊接过程中保持预热温度;层间温度不应低于预热温度,且不高于 230℃。

2) 焊前需预热的焊缝开始施焊后要连续焊接完成。若由于各种原因停止施焊,对加热部位进行保温直至再次施焊。对因停电等原因造成无动力施焊的情况,停焊时间不得低于 48h,并经无损检测确信已焊部位无裂纹,并重新按要求预热后方可继续施焊。

3) 使用监理人同意的表面测温方法测定温度。预热时必须均匀加热,预热区的宽度为焊缝两侧各 3 倍钢板厚度范围,且不小于 100mm。

4) 在需要预热焊接的钢板上焊接其他附属构件时,按焊接工艺评定确定的预热温度或按焊接主缝相同的预热温度进行预热。

5) 接受监理人对某些焊接部位提出特殊的预热要求。

(3) 定位焊。

1) 定位焊采用手工电弧焊进行。定位焊可留在二类焊缝内,构成焊接构件的一部分,但不得保留在一类焊缝内。不允许保留定位焊的焊缝,定位焊焊在焊缝坡口内,施焊前,清除定位焊并予以磨平,清除工作不得损伤母材。

2) 定位焊工艺和焊工要求与主缝相同。

3）对需要预热的钢板,焊定位焊时要以焊缝为中心150mm范围内进行预热。预热温度比规定预热温度高出20℃～50℃。

4）定位焊距焊缝端部30mm以上,其长度在50mm以上,间距为200～400mm,厚度不超过正式焊缝高度的1/2,最厚不宜超过8mm。

5）施焊前应检查定位焊的质量,如有裂纹、气孔、夹渣等缺陷均应清除。

（4）水密封焊缝焊接。

1）水密封焊缝在二期混凝土回填后,采用手工电弧焊进行。

2）不锈钢接头使用相匹配的不锈钢焊条进行,其余采用施工图中所示的焊条型号。

3）焊前清理接头处的污物,并打磨出金属光泽。

4）焊接时采用小电流,以防烧伤混凝土。

5）对大间隙焊缝,应先堆焊到设计间隙,修磨坡口后再进行连接焊接。

6）对于长焊缝,采用分段退步焊,分段长度不大于300mm。

7）焊接后进行打磨,使其表面粗糙度与焊接构件维持一致。

（5）加固焊缝焊接。

1）埋件与一期混凝土中的插筋连接,选用施工图注明的圆钢或型钢。

2）加固材料与一期插筋应紧密接触,并去除焊缝处的铁锈、污物。

3）根据搭接焊缝的具体情况,采取合适焊接参数及焊接顺序,防止埋件变形或发生位移。

（6）焊接施工要点。

1）施焊前,焊工应自检焊件接头质量,发现缺陷应先进行处理,合格后方能施焊。

2）应在引弧板、引出板、引弧、收弧,收弧时将弧坑填满。

3）必须由持该部位合格证的焊工进行焊接。

4) 多层焊接应连续焊接,及时将前一道焊缝清理检查合格后,再继续施焊,多层焊的层间接头应错开。

5) 定位焊缝的长度、厚度和间距,应能保证焊缝在主缝焊接过程中不致开裂。定位焊接时,应采用与主缝相同的焊接材料和焊接工艺,并应由合格焊工施焊。

6) 厚度大于 50mm 的碳素钢和厚度大于 36mm 的低合金钢,施焊前应进行预热,焊后应进行后热。

(7) 焊接检验。

1) 所有焊接按《水电工程钢闸门制造安装及验收规范》(NB/T 35045—2014)规定进行外观检查,并进一步进行无损检测,做好记录。

2) 焊缝无损探伤抽查率除根据 NB/T 35045—2014 规定外,还应抽查监理工程师指定易发生缺陷部位。

(8) 缺陷处理。用碳钨气刨清除不合格焊缝,并用角向磨光机修整刨槽,去掉残渣,重新按工艺要求进行焊接。

五、钢闸门及埋件安装防腐工艺设计

1. 涂装施工表面预处理

(1) 涂装施工工艺报告:在施工开始前,应按施工安装图纸和涂料供货商使用说明书的要求,提交现场涂装施工的工艺报告。

(2) 表面预处理:

1) 涂装施工前应按施工安装图纸和 NB/T 35045—2014 第 6.1 节、《水电水利工程金属结构设备防腐蚀技术规程》(DL/T 5358—2006)第 5.2 节的有关规定,对设备表面进行防腐蚀预处理。

2) 涂装开始时,若检查发现钢材表面出现污染或返锈应重新处理,直到监理人认可为止。

3) 空气相对湿度超过 85%、钢材表面温度低于露点以上 3℃时,不得进行表面防腐蚀预处理及涂装施工。

2. 涂装工艺

(1) 涂装前复查工件表面处理质量,如出现污染或返锈应重新处理。表面处理复查合格后,再进行涂料防腐。

（2）喷涂刷涂时应分层进行，每层涂层至少涂刷横竖两次，以保证涂层均匀。

（3）手工刷涂时应施加一定压力，以保证漆膜结合力。

（4）机械喷涂时应按说明书要求配料，并进行喷涂试验。

（5）应按说明书要求控制每层涂层间隔时间。

3. 涂料涂装质量控制

（1）漆料进厂后应进行漆色和质量检验，所用漆料应符合招标技术条款的规定。埋件与混凝土结合面用水泥浆涂刷，涂层注意养护。

（2）涂漆应由熟练且有上岗证的技工进行。

（3）涂漆宜在工件表面处理并清扫后立即进行，并在 2h 内，最长 8h 完成。

（4）被涂工件表面温度低于露点以上 30℃时不得涂装。

（5）应按说明书要求严格控制各层涂层之间间隔时间，以保证涂层间的结合力。

（6）涂料种类及涂膜厚度检测。

（7）涂层质量检验。

1）检验项目：外观成型检验，涂层厚度检验，附着力检验及针孔检验。

2）检验方法：外观成型以目视检验；涂层厚度用磁性测厚仪检测；附着力采用划格法检验；针孔检验采用针孔仪检查。

4. 表面金属喷涂施工

（1）设备和构件表面金属喷涂和封闭层的涂料、厚度应符合施工安装图纸要求。

（2）设备和构件表面金属喷涂施工，应符合施工安装图纸要求。

（3）金属喷涂的操作安全还应符合《涂装作业安全规程安全管理通则》（GB 7691—2013）、《涂装作业安全规程、涂装工艺安全及其通风净化》（GB 6514—2008）及《涂装作业安全规程、有限空间作业安全与技术要求》（GB 12942—2016）的要求。

第四节 平面闸门埋件安装

一、闸门埋件安装工艺流程

平面闸门门槽二期预埋件安装程序见图 5-9。

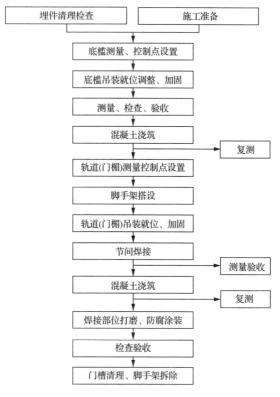

图 5-9 平面闸门门槽安装工艺流程

二、施工准备

（1）清除门槽内模板、渣土、积水等杂物，一期混凝土表面全部凿毛，调整预埋插筋或基础螺栓，二期混凝土断面尺寸及预埋锚栓和锚板的位置应符合图纸要求。

（2）设置孔口中心、高程、里程测量控制点，用红铅油标示。

（3）搭设脚手架及安全防护设施，布置电焊机及作业室。

（4）在闸门孔洞或闸室的两侧边墙上以及底板上预埋锚钩，用以悬吊滑轮组及固定卷扬机，锚钩的预埋结合闸门门体的吊装和就位需要统筹考虑。

三、测量放线

（1）参加安装工程施工的测量人员，应是经过业务培训的有资质人员。现场安装开工前将人员资质、仪器设备及计量认证文件，在规定时间报监理工程师审批，施工中计量测量资料均报监理工程师审批后生效。

（2）设置金属结构设备及埋件安装专用的孔口中心、高程、里程等测量控制点线，用红铅油明显标示。安装工作开始前，将安装用基准线和基准点的有关资料和控制点位置图提交监理人审核。

（3）用于测量高程和安装轴线的基准点及安装用的控制点用红铅油明显标示，设置的中心线架等保留到安装验收合格后才能拆除。

四、平面闸门埋件底槛安装

底槛吊装之前，按底槛结构将预埋插筋利用角钢焊成支架，支架面高程一般要低于底槛构件底面 $10\sim50$mm，待底槛就位后留有一定的调整裕度。因底槛是门槽构件安装的基础，装好后必须支撑加固可靠，焊接牢固，以防二期混凝土浇筑震捣时变形。安装主要控制点在于保证底槛工作面的直线度、平面度和位置度。底槛安装回填后用塑料布、沙袋加以防护，同时也对控制点进行布置防护。底槛安装控制检查项目见表 5-1。

表 5-1　　　　　　　　　　底槛安装控制检查项目

序号	检查项目	允许偏差/mm
1	对门槽中心线 a	±5.0
2	对孔口中心线 b	±5.0
3	高程	±5.0

序号	检查项目		允许偏差/mm
4	工作表面一端对另一端的高差/mm	$L \geqslant 10000$	3.0
		$L < 10000$	2.0
5	工作表面组合处的错位		1.0
6	工作表面平面度		2.0

五、平面闸门埋件主轨安装

主轨是门槽构件的主要承力部件,安装前先在底槛上定出中心位置,并全面检查门槽和胸墙等部位的混凝土尺寸是否符合图纸要求。在门槽中搭设"井"字形脚手架,布置垂直爬梯和作业平台,便于调整和找正。最下面的一根埋件一般按照制造单根长为一安装单元,单独进行找正。主轨安装主要控制点在主轨工作面(一般为方钢型式)的保护以及其直线度、平面度和位置度的调整。通过在孔口控制点悬挂钢琴线和重锤来定位,用钢板尺、千斤顶测量调整。为便于调整和减少起重设备占用时间,当主轨吊装入槽后,可通过在平台上布置事前制作的简易吊重钢梁或三角拔杆和卷扬机配合进行主轨调试。

埋件安装完毕后,安装测量检验成果形成书面资料,验收合格后方可浇筑二期混凝土。二期混凝土拆模后,对所有的埋件工作表面进行清理,封焊埋件连接焊缝,并仔细打磨焊缝,对门槽范围内影响闸门安全运行的外露物,必须处理干净,并对埋件的最终安装精度进行复测检验。主轨安装控制检查项目见表 5-2。

表 5-2　　　　　主轨安装控制检查项目

序号	检查项目		允许偏差/mm
1	对门槽中心线(工作范围内)		加工(+2.0～−1.0),非加工(+2.0～−1.0)
2	对孔口中心线(工作范围内)		±3.0
3	表面扭曲	$B < 100$	加工面 0.5;非加工面 1.0
		$B \geqslant 100$	加工面 1.0;非加工面 2.0
4	工作表面组合处的错位		加工面 0.5;非加工面 1.0
5	工作表面平面度		2.0

六、平面闸门埋件反轨和侧轨的安装

　　反轨和侧轨在闸门启闭时起导向作用,通常与闸门的止水座板合为一体,止水座板一般采用不锈钢制成,其安装方法与主轨相同。安装主要控制点在侧轮导轨和不锈钢止水座板的保护,以及其平面度和位置度,特别是两侧不锈钢止水座板的相对平面度和位置度公差的控制是闸门封水的关键。安装控制检查项目如表5-3。

表5-3　　　　　　　　　安装控制检查项目

序号	检查项目			允许偏差/mm
1	反轨	对门槽中心线		+3.0～-1.0
2		对孔口中心线		±3.0
3		工作表面组合处的错位(工作范围内)		1.0
4		表面扭曲(工作范围内)	B<100	2.0
5			B=100～200	2.5
6			B≥200	3.0
7	侧轨	对门槽中心线		±5.0
8		对孔口中心线		±5.0
9		工作表面组合处的错位(工作范围内)		1.0
10		表面扭曲(工作范围内)	B<100	2.0
11			B=100～200	2.5
12			B≥200	3.0
13	侧止水座板	对门槽中心线		+2.0～-1.0
14		对孔口中心线		±3.0
15		工作表面平面度、直线度		2.0
16		工作表面组合处的错位		0.5
17	表面扭曲同反轨			

七、平面闸门埋件门楣(顶水封座)的安装

　　门楣上一般镶有不锈钢止水面,调整时不平度、中心高程以不锈钢面为准;可在两侧主轨外侧焊一线架,沿门楣不锈钢止水面中心拉一钢丝线进行调整。门楣与两侧轨道的结合部位用相应材质的焊条焊接完成后,必须用砂轮磨削处

理,以免漏水。在门楣与两侧轨道相接处应用连接螺栓拧紧,再用电焊将焊缝焊满,最后将背面的连接螺栓全部拧紧后焊接牢固。门楣安装控制检查项目见表5-4。

表 5-4　　　　　门楣安装控制检查项目

序号	检查项目		允许偏差/mm
1	对门槽中心线		$+2.0\sim-1.0$
2	门楣中心至底槛面距离		±3.0
3	工作表面平面度、直线度		2.0
4	工作表面组合处的错位		0.5
5	表面扭曲值	$B<100$	1.0
6		$B=100\sim200$	1.5

八、平面闸门埋件锁定装置安装

锁定装置安装方法与底槛安装相同,主要控制好锁定定位中心线和安装高程。

第五节　平面闸门安装

一、平面闸门安装工艺流程

平面闸门安装工艺流程见图5-10。

二、安装前准备工作

(1)闸门在制造厂进行制造验收时,其结果应符合 NB/T 35045—2014规范和图纸的要求,并有相应标识。设备到场后,清点设备及其配件的数量,检查构件在运输、存放过程中是否有损伤,检查各构件的安装标记,确保装配准确。

(2)按合同技术文件和施工图纸要求进行焊接工艺评定,根据评定结果编制焊接工艺指导书并报监理工程师审批。

(3)进行图纸审核,制定施工组织设计、质量保证方案以及安全文明施工措施等技术文件,报监理工程师审批。在施工前按照批准的文件进行技术交底。

(4)布置拼装场地,检查起重设备、安装机具、工装应符合施工方案要求。检查施工用的吊具、吊耳、夹具、钢丝绳等

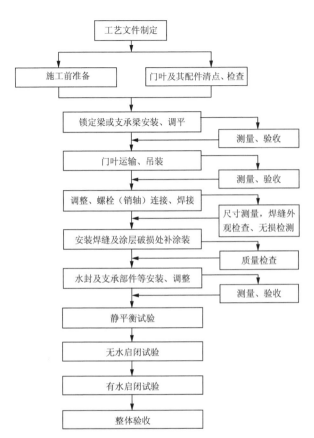

图 5-10　平面闸门安装工艺流程图

应符合规范要求,对于施工中的用电设备应无漏电安全隐患,施工用的脚手架应安全可靠。

(5) 安装前必须将闸门门叶总预拼装的结果与门槽二次浇筑等强后的测量数据进行比较,并根据其结果做必要的修整。复核单节门叶吊装重量与施工移动式启闭机的实际最大吊重负荷;为保证门叶入槽后节间连接准确、可靠、调整方便,吊装前在底槛上安装临时支撑装置,其高度以 500~700mm 为宜,便于基准门叶(底节门叶)的调整,同时必须检查各门叶焊接处的直线度,焊接坡口是否清理干净,定位钢板焊接位置是否正确。

(6)按照安全施工要求,在孔口部位设置防护围栏,安装部位搭设脚手架,安装施工部位设置安全警戒标识。

三、门叶组装

(1)门叶转运及吊装:平面闸门大件均采用平板拖车运输,小型构件采用载重汽车运输,根据现场情况使用门、塔机或汽车吊吊装。

(2)门叶现场拼装主要采用立式拼装法,在闸门拼装部位附近坝面上的合适部位预埋埋件(锚环、铁板凳等),拼装闸门时用以拉缆绳、固定支撑件等,以便调整闸门和起稳定闸门的作用。

(3)门叶吊装到位后,在门叶及吊头上悬挂钢线并采用水平仪等仪器进行整体调整,检查各项控制尺寸合格后,进行临时固定,门叶节间穿销或进行高强螺栓连接或焊接。

(4)高强螺栓连接:先用普通螺栓对称进行固定,然后根据高强螺栓施工工艺要求进行高强螺栓的连接,用扭力扳手或电动扳手施拧,合格后进行抽查。扭力扳手使用前需进行校验,合格后方准使用。

(5)焊接:按照制定的焊接工艺规程进行节间焊接,施焊过程中严格按焊接工艺规程执行。为防止焊接变形,应采用偶数焊工同时对称施焊,并在施焊过程中随时检测闸门各项形体尺寸,观察闸门变形情况,以便及时调整焊接顺序、焊接参数等。

闸门门叶结构连接、焊接完毕,经过测量校正合格后,调试或安装支撑部件等,悬挂钢丝线;调整所有主支承面,使之在同一水平面上,误差不得大于施工图纸的规定。

(6)按设计图纸安装闸门水封。安装时将橡胶水封按需要的长度黏结好,再与水封压板一起配钻螺栓孔,采用专用空心钻头使用旋转法加工,水封孔径比螺栓直径小 1mm,水封的黏结、安装偏差等质量要求应符合招标文件及 NB/T 35045—2014 的有关规定。

（7）闸门工地焊缝及损坏部位补漆防腐，按设计图纸及有关技术要求执行。

（8）静平衡试验：闸门用启闭机自由吊离锁定梁100mm，通过滑道中心测量上、下游方向与左、右方向的倾斜，单吊点平面闸门的倾斜不应超过门高的1/1000，且不大于8mm。超过时应予配重调整，符合标准后方可进行试槽。

四、主、反滑块及定轮装置安装

（1）主、反（侧）滑块及定轮装置与主体的接触面间隙有较高的要求，一般采用高强螺栓连接。因此在安装之前必须检查主、反（侧）滑块及定轮装置及主体的接触面平面度、螺孔间距、孔径和粗糙度是否符合图纸、规范要求，同时注意其连接表面不能用油脂作为防腐，涂装无机富锌漆以增加摩擦力和抗滑移。

（2）主、反滑块及定轮装置在闸门门叶安装时进行，安装时将滚轮进行手转动检查其灵活性，并对滚轮安装是否在同一平面内进行测量，记录其测量结果；焊接时注意其有无变化。安装关键控制点：接触面的防腐、平面度、孔间距和孔径，螺栓的扭力是否符合规范要求。

五、水封安装

按设计图纸安装闸门水封。安装时将橡胶水封按需要的长度黏结好，再与水封压板一起配钻螺栓孔，采用专用空心钻头使用旋转法加工，水封孔径比螺栓直径小1mm，水封的黏结、安装偏差等质量要求符合施工图纸及 NB/T 35045—2014 的有关规定。

六、闸门安装主要检测控制项目

按照 NB/T 35045—2014 的有关要求，平面闸门门叶拼装后主要检测控制项目如表5-5所列。

七、平面闸门试验

闸门安装完毕，对闸门进行试验和检查。试验前检查并确认吊头、抓梁等动作灵活可靠；充水装置在其行程内升降自如、封闭良好；吊杆的连接情况良好。同时还应检查门槽内影响闸门下闸的杂物等是否清理干净，然后方可试验。平

表 5-5   平面闸门主要检测控制项目表

项次	项目	允许偏差/mm	
		合格	优良
1	止水橡皮顶面平面度	2	
2	止水橡皮与滑道或滚轮的距离	+2～-1	±1
3	两侧止水中心距离和顶止水至底止水边缘距离	±3	
4	支承滑块顶面平面度	2	
5	同侧滑道中心线偏差	2	
6	反向滑块至滑道或滚轮的距离(反向滑块自由状态)	±2	+2 -1
7	两侧止水中心距离和顶止水至底止水边缘距离	+2～-1	
8	工作状态时,止水橡皮压缩量符合设计要求	+2.0～-1.0	
9	单吊点闸门静平衡试验,倾斜度不超过门高的 1/1000,且≤8mm		

面闸门的试验项目包括:

(1) 无水启闭试验。在无水的状态下,闸门与相应的启闭机等配合进行全行程启闭试验。试验前在滑道支承面涂抹钙基润滑脂,闸门下降和提升过程中用清水冲淋橡胶水封与不锈钢止水板的接触面。试验时检查滑道的运行情况、闸门升降过程中有无卡阻现象、水封橡皮有无损伤。在闸门全关位置,应对闸门水封及充水阀进行漏水检查,止水处应严密,并应配合启闭机试验调整好充水阀的充水开度。

(2) 充水试验和静水启闭试验。本项目在无水启闭试验合格后进行,检查闸门与门槽的配合以及橡胶水封的漏水情况。试验时检测闸门在运行中有无振动,闸门全关后底水封与底槛接触是否均匀,充水阀动作是否灵活以及漏水等。

(3) 在有条件时,闸门应做动水启闭试验。

第六节 弧形闸门埋件安装工程

一、安装工艺流程

弧形闸门埋件安装工艺流程见图 5-11。

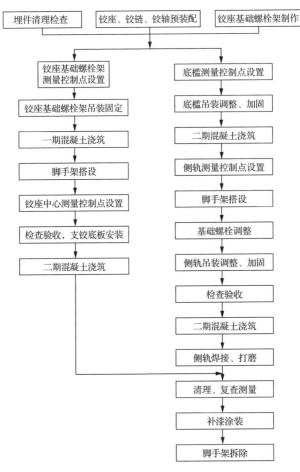

图 5-11　弧形闸门埋件安装工艺流程

　　弧门埋件安装与弧门调试/启闭机配合紧密关联,故设计弧门埋件安装工艺流程时必须考虑弧门调试和启闭机安装工作。

　　弧门及其门槽埋件的安装主要施工程序为:首先安装门槽底槛并浇筑二相混凝土,门槽侧轨等安装调整加固后暂不浇筑混凝土,然后依次安装铰座、支臂、门叶等,等启闭机安装完成后进行弧门的划弧试验,最后浇筑门槽侧轨的二期混凝土。

二、安装前准备工作

(1)进行图纸审核,制定施工组织设计、焊接工艺、质量保证措施以及安全文明施工要求等技术文件,对施工人员进行技术交底。

(2)清点闸门、门槽埋件及其配件的数量,检查闸门构件在运输、存放过程中是否有损伤,检查各构件的安装标记,确保装配准确。

(3)检查安装用各种工器具准备齐全,测量工具经相关部门校验并在有效使用期内。

(4)检查工作平台、吊点、辅助设备等的布置满足安装要求。

三、测量放线

(1)现场安装开工前将人员资质、仪器设备及计量认证文件,在规定时间报监理工程师审批,施工中计量测量资料均报监理工程师审批后生效。

(2)在孔口底板部位及两侧墙上设置测量控制点线,控制点线的设置要能满足支铰、门叶、埋件等的测量控制要求。

(3)用于测量高程里程和安装轴线的基准点及安装用的控制点用红漆油明显标示,设置的中心线架等保留到安装验收合格后才能拆除。

四、弧门埋件底槛安装

底槛安装时根据实际情况,在预留安装位置制作托架,底槛吊装后在托架上调整,在一期混凝土插筋或铁板凳上焊接连接圆钢或联接螺栓进行调整,保证其与闸门的相对尺寸偏差。

五、弧门埋件铰座安装

(1)铰座基础螺栓安装:在安装基础螺栓时制作基础螺栓架,基础螺栓架为一模具钢板,模板上按设计图纸的基础螺栓位置布孔,用以保证铰座基础螺栓安装中心的准确性。弧门支铰安装前检查铰座的基础螺栓中心和设计中心的位置偏差是否满足支铰安装要求。

(2)铰座安装:铰座安装前先由测量单位设置铰座安装测量控制点线,铰座轴线控制点可设在两边侧墙上,另在门槽底板上设置后视点。测量控制点线的精度能满足铰座安装精度要求。

弧门铰座常规采用整体吊装法安装。为便于铰座、支臂吊装和调整,在铰座安装位置顶部设吊点、底部设操作平台。铰座吊至安装位置后,用倒链、拉杆等悬挂在吊点、插筋、支承梁上调整。铰座安装时用水平仪、经纬仪等仪器,并辅助用钢板尺、钢卷尺、钢线等进行测量,调整其安装偏差符合施工图纸及 NB/T 35045—2014 的要求,检查合格后在活动铰与固定铰的接触面涂黄油,用油毡等覆盖,最后回填二期混凝土,并复测其最终安装偏差。

六、弧门埋件侧轨安装

先在底槛上定出中心位置,并全面检查闸室和胸墙等部位的混凝土尺寸是否符合图纸要求。安装前在闸室中搭设脚手架,布置垂直爬梯和作业平台,为了便于调整和找正,侧轨按照制造单根长为一安装单元,单根吊运就位找正后,利用千斤顶和丝杠等进行微调,整体检查调整相关尺寸达到规范要求后进行加固,焊接二期埋件与一期埋件连接件和埋件对接处焊缝。

弧门安装施工在深孔部位的,应在混凝土浇筑施工时预先在顶部混凝土适当位置布置预埋件,以便安装吊环滑车倒运埋件就位。

七、弧门埋件门楣安装

门楣调整时,不平度、中心高程以不锈钢平面为准,可在两侧主轨外侧焊一支架,沿门楣不锈钢止水面中心拉一钢丝线进行调整。门楣与两侧轨道的结合部位用相应材质的焊条焊接完成后,必须用砂轮磨削处理,以免漏水。在门楣与两侧轨道相接之处应用连接螺栓拧紧，再用电焊将焊缝焊满，最后将背面的连接螺栓全部拧紧后焊接牢固。

门楣设有止水水封的，按照门楣基座水封调整后，应结合弧门划弧情况再次检查调整，达到规范要求后焊接加固二期埋件与一期埋件连接件。

埋件安装完毕后，安装测量检验成果形成书面资料，验收合格后方可浇筑二期混凝土。二期混凝土拆模后，对所有的埋件工作表面进行清理，封焊埋件连接焊缝并仔细打磨焊缝，对门槽范围内影响闸门安全运行的外露物必须处理干净，并对埋件的最终安装精度进行复测检验。

八、弧形闸门埋件安装检测项目

按照 NB/T 35045—2014 的有关要求，弧形闸门埋件安装检测项目见表 5-6。

表 5-6 弧形闸门埋件安装检测项目表

序号	检测项目			允许偏差/mm
1		里程		±5.0
2		高程		±5.0
3		对孔口中心线距 b		±5.0
4	底槛	工作表面一端对另一端的高差	$L<10000$	2.0
			$L\geqslant10000$	3.0
5		工作表面平面度、直线度		2.0
6		工作表面组合处错位		1.0
7		工作表面扭曲	$B<100$	1.0
			$B=100\sim200$	1.5
			$B>200$	2.0
8	门楣	里程		+2.0～-1.0
9		门楣中心至底槛面距离 h		±3.0
10		工作表面平面度		2.0
11		工作表面组合处错位		0.5
12		工作表面扭曲	$B<100$	1.0
			$B=100\sim200$	1.5

序号	检测项目		允许偏差/mm					
13	侧止水座板	对孔口中心线距离	潜孔	±2.0				
			表孔	+3.0 −2.0				
			露孔	+3.0 −2.0				
14		工作表面平面度、直线度	2.0					
15		工作表面组合处错位	1.0					
16		侧止水座板中心线曲率半径	±5.0					
17		工作表面扭曲	$B<100$	潜孔式	1.0	露顶式	1.0	
			$B=100\sim200$		1.5		1.5	
			$B>200$		2.0		2.0	
18	侧轮导板	对孔口中心线距离 b	+3.0～−2.0					
19		工作表面平面度、直线度	2.0					
20		工作表面组合处错位	1.0					
21		侧轮导板中心线曲率半径	±5.0					
22		工作表面扭曲	$B<100$	2.0				
			$B=100\sim200$	2.5				
			$B>200$	3.0				

注：L—孔口宽度；B—工作面宽度。

第七节　弧形闸门安装

一、弧门、启闭机及相关土建工程施工的关系及施工程序

弧门、启闭机及相关土建工程施工的关系及施工程序见图 5-12 所示。

施工关系及施工程序说明：

（1）溢流面及闸墩浇筑完成后，进行闸室埋件的安装，安装时首先安装底槛，浇筑二期混凝土后再安装侧轨等，侧轨安装后先进行粗调并临时固定，等弧门安装划弧后再精调并浇筑二期混凝土。

（2）闸墩土建施工具备安装条件后，首先安装弧门支铰，

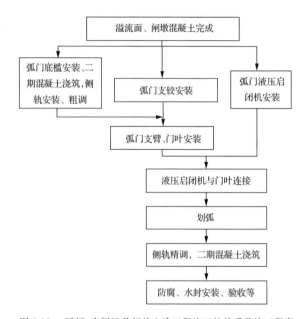

图 5-12　弧门、启闭机及相关土建工程施工的关系及施工程序

浇筑二期混凝土并达到一定龄期后，安装支臂、门叶。弧门液压启闭机可与弧门同步安装，或根据工期后续安装。

二、安装工艺流程

1. 主要安装程序说明

弧门及其闸室埋件的安装主要施工程序为：首先安装门槽底槛并浇筑混凝土，门槽侧轨等安装调整加固后暂不浇筑混凝土，然后依次安装铰座、支臂、门叶等，等启闭机安装完成后进行弧门的划弧试验，最后回填门槽侧轨的二期混凝土。

2. 安装工艺流程

弧门安装工艺流程见图 5-13。

三、安装前准备工作

（1）进行图纸审核，制定施工组织设计、焊接工艺、质量保证措施以及安全文明施工要求等技术文件，报监理工程师审批。

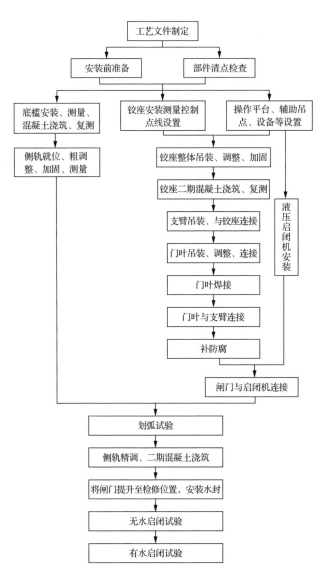

图 5-13　弧门安装工艺流程图

（2）清点闸门、门槽埋件及其配件的数量，检查闸门构件在运输、存放过程中是否有损伤，检查各构件的安装标记，确保装配准确。

（3）检查门叶及其他构件的几何尺寸，如有超差，制定措施（经监理人批准）修复后进行安装。

（4）安装用各种工器具准备齐全，测量工具经相关部门校验并在有效使用期内。

（5）工作平台、吊点、辅助设备等的布置。

（6）在孔口底板部位及两侧墙上设置测量控制点线，控制点线的设置要能满足支铰、门叶、埋件等的测量控制要求。

四、支铰吊装

弧门支铰拼装为整体，直接用起重机吊装，采用导链等辅助就位。

五、支臂、门叶吊装

1. 弧门支臂、门叶吊装步骤

弧门支臂与门叶配合吊装，吊装分如下几步：

第一步：门叶吊装前在闸室二期预留槽内预埋支撑定位块或设工字钢支撑梁，首先吊装下支臂，支臂后端与铰座连接，支臂前端用支架垫起，以待与门叶连接；

第二步：吊装底节门叶，底部用支墩垫起，前端用定位块支撑、调整，与下支臂连接；

第三步：吊装中间几节门叶，用定位块支撑、调整，并与底节门叶进行整体调整、连接；

第四步：吊装上支臂与门叶及铰座连接，然后吊装其余支臂构件；

第五步：吊装其余门叶。

2. 支臂安装

弧门支臂均采用单件吊装，现场装配的方法安装，安装时按厂内拼装时所画点线或所焊定位板等进行装配，先可用临时螺栓固定，测量其整体结构尺寸满足要求，至与门叶装配整体测量合格后，方可连接永久螺栓和焊接焊缝。

3. 门叶拼装

弧门门叶在闸室内工作部位逐节安装,属立式拼装,稳定性差,需要采取如下措施:

弧门门叶吊装前,在闸室二期预留槽内预埋支撑调整块或设置工字钢支承梁,门叶吊装时在支承梁上设调整垫块或千斤顶等,用于调整和支撑门叶。

门叶吊装时,第一节门叶垫离底槛足够的高度,以便拼装时工作方便。每节门叶吊装后,均要与下部门叶进行整体调整和检查,用样板检查门叶面板弧度,特别要检查门叶节间缝处,合格后方可吊装下一节门叶。全部门叶拼装完成检查整体尺寸合格后,进行螺栓连接或焊接。

门叶焊接前先焊接定位焊缝,并按设计图纸先连接好螺栓、定位板等,焊前检查坡口间隙、角度等是否满足设计及焊接要求,对于局部间隙过大部位,先进行堆焊处理,打磨符合规定要求后方可焊接。焊接时严格按制订的焊接工艺要求进行焊接,同一条焊缝根据其长度、数量、位置等,由 2 名或 4 名合格焊工同时对称施焊,焊接过程中随时检查焊接变形情况,以便随时采取措施,改变焊接顺序等,避免门叶焊接变形。焊接完成后进行焊缝外观检查、无损探伤检查等,处理所有缺陷,并对门叶整体结构尺寸再次进行复验。

4. 门叶与支臂连接

门叶与支臂连接主要为螺栓连接,连接时先用临时螺栓固定,检测弧门整体安装偏差满足招标文件、施工图纸及国家规范的有关要求后,再用连接螺栓连接,螺栓连接注意如下事项:

(1) 所采购的螺栓连接副具有质量证明书或试验报告;

(2) 螺栓、螺母和垫圈分类存放,妥善保管,防止锈蚀和损伤。使用高强度螺栓时做好专用标记,以防与普通螺栓相互混用。

(3) 连接时用扭力扳手进行初拧和终拧,拧紧力矩按设计要求或根据试验数据。

门叶螺栓连接完成后,按图纸安装支臂连接系,同时拆除临时连接件等。

六、弧形闸门调试

1. 划弧试验

等液压启闭机安装、调试并联门后,提升闸门,进行划弧试验,检查弧门与侧轨(含止水侧板)的配合情况,确认无误后浇筑侧板(含止水侧板)二期混凝土。

2. 水封安装

弧门水封在闸门划弧试验及门槽调试完成以后进行,将闸门提起至检修位置,按设计图纸安装闸门水封。安装时将止水橡皮按需要的长度黏结好,再与水封压板一起配钻螺栓孔,采用专用空心钻头使用旋转法加工,水封孔径比螺栓直径小1mm,水封的安装偏差及质量要求符合招标文件及NB/T 35045—2014 第9.2.3~9.2.7条的有关规定。

3. 防腐

闸门、支臂等构件节间预留处及损坏部位补防腐,防腐时表面预处理采用手工钢丝砂轮除锈,除锈及涂装要符合设计图纸及有关国家标准的要求。

4. 无水启闭试验及动水启闭试验

做无水启闭试验及动水启闭试验,检查闸门运行轨迹是否正确,密封性是否良好等。闸门的启闭试验按照招标文件及 NB/T 35045—2014 的有关规定进行。

七、弧形闸门安装主要检测项目

弧形闸门安装主要检测项目见表5-7。

表 5-7　　　　　弧形闸门安装主要检测项目表

序号	检测项目		允许偏差/mm	
1	支铰座	铰座中心至孔口中心的距离	±1.5	
2		铰座里程	±2.0	
3		铰座高程	±2.0	
4		铰座轴孔倾斜度	1/1000	
5		两铰座轴线的同轴度	圆柱铰	1.0
			球铰	2.0

序号	检测项目		允许偏差/mm
6	支臂中心与铰链中心吻合值		2.0
7	支臂中心至门叶中心的偏差		±1.5
8	铰轴中心至面板外缘曲率半径 R	露顶	±7.0
		潜孔	±4.0
9	铰轴中心至面板外缘两侧曲率半径相对差	露顶	5.0
		潜孔	3.0
10	关门位置闸门主横梁水平度		2.0
11	侧滚轮与侧轨间隙		±2.0
12	底止水橡皮压缩量相对设计压缩量		2.0～-1.0
13	两侧止水橡皮压缩量相对设计压缩量		2.0～-1.0
14	关门位置门顶止水橡皮压缩量相对设计压缩量		2.0～-1.0
15	闸门吊座连接螺栓		紧固螺栓拧断力矩的 50%～60%

注：检查项目和允许偏差依据 NB/T 35045—2014 的规定。

第八节　人字闸门门体安装

一、人字闸门门体安装工艺流程

人字闸门门体安装工艺流程见图 5-14。

二、安装前准备工作

（1）进行图纸审核，制定施工组织设计、焊接工艺、质量保证措施以及安全文明施工要求等技术文件，并进行安全技术交底。

（2）清点闸门、门槽埋件及其配件的数量，检查闸门构件在运输、存放过程中是否有损伤，检查各构件的安装标记，确保装配准确。

（3）检查门叶及其他构件的几何尺寸，如有超差，制定措施修复。

（4）检查安装用各种工器具准备齐全，测量工具经相关

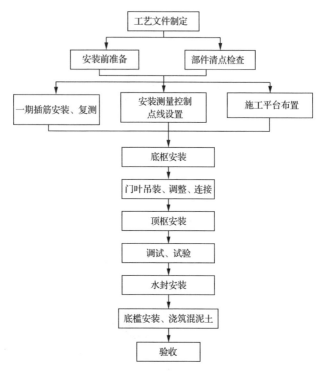

图 5-14　人字闸门门体安装工艺流程图

部门校验并在有效使用期内。

（5）检查起吊设备、吊点、工作平台、辅助设备等的布置满足安装要求。

（6）在孔口底板部位及两侧墙上设置测量控制点线，控制点线的设置要能满足测量控制要求。

三、底枢装置安装

1. 底枢埋件安装

人字门底枢工作情况比较复杂，因此，底枢安装时，将底枢放在预留二期混凝土坑内的钢架上，用两台经纬仪在相互垂直方向进行调整，用水准仪控制标高和水平，使蘑菇头中心与理论旋转中心的偏差在 1mm 以内，顶部高程≤1mm，调整合格后加固焊牢。然后浇筑二期混凝土。

2. 枕座安装

在第一根枕座底部高程放置一钢板,并在其上放出安装线,将第一节入与安装线对齐,再悬挂两条钢丝垂线调整枕座正、侧面偏差值,使其在要求范围内,然后用钢筋与一期插筋焊接牢固,第二节以上将端口和中心线对齐,用垂线控制正、侧面偏差值。

四、门叶安装

由于人字闸门布置位置的特殊性,如果现场施工机械无法利用,门叶吊装一般采用汽车吊进行吊装。

将汽车吊停靠在人字门底枢附近做好起吊准备,平板车将人字门运至汽车吊旁边,人字门吊起后平板车开离吊装现场,用枕木垫在人字门下将人字门放下,开始对人字门进行90°翻身,翻身前将另一台汽车吊停在人字门的另一边并做好吊装准备,用主吊汽车吊和辅助汽车吊将人字门缓慢吊起一定高度后,一台汽车吊不动,另一台汽车吊缓慢提升,由于人字门重心改变,人字门将缓慢向主吊汽车吊方向倾斜,辅助汽车吊再将钢丝绳缓慢下放,使人字门重心缓慢向主吊汽车吊方向改变,主吊和辅助汽车吊配合将人字门放下完成翻身吊装,再由主吊汽车吊单独将人字门入安装位置。

人字门拼装焊接是将门叶与闸墙成 $10°$ 夹角竖立拼装焊接。门叶拼装时,以底枢为一个支点,在另一端倒数第二块搁板下放置一钢支墩,用两个 $50t$ 千斤顶以门叶底梁中心线为基准将门叶调整水平,以端板的中心线为基准调整垂直后,用组合楔子板楔紧,并点焊牢固。在靠闸墙的一面用两根 $\phi 4''$ 的钢管将门叶与闸墙预埋的钢板焊牢。

当下节门叶检查合格后,吊装上一节门叶。利用 4 个千斤顶调整门叶前后左右位置,使端板的中心重合。门叶顶部焊两个拉紧器调整门叶垂直后,将门叶点焊牢固,然后调整压平面板接缝的错位,并点焊牢固。

门叶拼装过程中,门叶倾斜的测量以制造厂预先做好的门轴柱和斜接柱端板的中心线为基准,面板倾斜和不平度作为测量参考,在门轴柱端板中心线和面板两端分别挂一垂线,用钢板尺测量垂线数据,斜接柱端用经纬仪进行测量控制。

闸门焊接前,先确定焊接工艺措施。由 8 名焊工同时施焊,先进行定位焊接,然后焊接门叶两边的端板焊缝,再焊中间搁板、后翼缘对节缝、面板内侧角焊缝,最后焊接面板焊缝。

焊接过程中有专人对焊接变形进行监控,若发现门叶在焊接过程中有变形应马上对焊接顺序进行调整。

整个闸门焊接过程中,各部位热量输入应尽量保持均衡,控制焊接电流和焊接速度相差不大于 10%,焊工施焊严格按照规定的焊接工艺执行,为控制焊接变形而改变焊接顺序时必须听从统一指挥。焊接工艺措施得当,整个闸门倾斜控制在 2mm 以内。

五、顶枢装置安装

1. 顶枢埋件

完成门叶安装焊接工作后,根据预埋样点将顶枢轴孔中心点放在门叶上,由制造厂家镗孔。顶枢埋件采用经纬仪和水准仪配合进行安装调整,埋件两端的水平高差不大于 1mm,顶枢中心与底枢中心应重合,中心最大偏差不大于 2mm。根据底枢中心测量出顶枢中心点以及门叶焊接收缩后的实际高度确定顶枢拉杆埋件高度、水平位置,调整好顶枢拉杆埋件位置后,将顶枢拉杆埋件下部与一期混凝土锚筋进行焊接加固。

2. 顶枢拉杆安装

在顶枢拉杆埋件的二期混凝土达到强度后,进行拉杆安装,由经纬仪和水准仪配合,调整两拉杆的水平度。根据顶枢轴座板调整两座板的同心度,同时做门叶的垂直度调整。控制两端拉杆的水平高差不大于 1mm,每根拉杆高差小于 0.5mm,两拉杆中心线交点与顶枢中心偏差不超过 0.5mm,顶枢轴线与底枢轴线应重合,偏差不超过 1mm,顶枢两座板要求同心,其倾斜度不大于 0.1%。

顶枢拉杆安装完成后,将底部支撑拆除,上闸首人字门仅用 3 个人既可推动。

六、调试试验

1. 顶、底枢同心度调整

检查闸门在全开和全关过程中斜节柱端的径向跳动量,分别调整顶枢 A、B 拉杆,使闸门斜节柱端任一点的径向跳动量控制在 1mm 以内。

2. 背拉杆安装调试

门叶全部安装完后,放样找出每根背拉杆安装中心线,将背拉杆吊装就位进行焊接。背拉杆张拉采用链条葫芦和特制的扳手进行,根据测试结果主、副拉杆交替进行张拉。张拉过程中,在门轴柱和斜接柱端板的中心线上挂一条垂线,检查门体张拉过程中的变形情况。

3. 支、枕垫块安装

支、枕垫块是传力兼作止水作用的,因此安装精度要求较高。支垫块与门体端板、枕垫块与枕座埋件之间留有 20mm 的间隙,待支、枕垫块调整合格后,填入环氧填料将其固定定位。

上闸首每扇门有支垫块若干,枕垫块若干,下闸首每扇门有支垫块若干,枕垫块若干。支、枕垫块和门体、枕座埋件上有螺孔用来调整支、枕垫块。螺孔在制造厂内均已加工完成,考虑到门体在拼装焊接完成后的收缩,在门体的 1/3 以上加工成椭圆长孔。

安装时,自下而上进行安装,首先吊装第一节枕垫块,对齐预留钢板上放出的安装线,调整垂直,用螺栓紧固,再吊装上面的枕垫块,用螺栓带紧,先不做调整。然后吊装支垫块,支垫块吊装时同样用螺栓带紧,先不做调整,但侧面的螺栓必须顶紧,主要是防止精调时上面的重量全部压在下面造成调整困难。

首先在门叶全开的位置调整枕垫块,以第一节为基准在枕垫块中心位置挂一垂线,调整每节枕垫块,分节处不得有错位，并保证中心在一条线上，自下而上进行调整并紧固。枕垫块调整完成后，将左扇门叶关闭至理论关门点位置，并点焊固定。调整第一节支垫块，使支垫块中心与理论关门点重合，止水平面与闸室中心线重合并紧固。然后调整以上支垫块。调整完成后将右扇门叶关闭，对齐端板中心并点焊固定。然后将其他支垫块与调整好的支、枕垫块逐块顶紧，检查之间间隙合格后紧固。

支、枕垫块调整时，关键是温度影响较大，因此我们选择阴天或清晨温度变化不大的时间进行。一但发现温度变化较大，即停止调整。

4. 环氧填料浇筑

人字闸门门轴柱、斜节柱采用的是钢性连续支、枕垫块传递水压兼作止水的方式，支、枕垫块与门体、枕座埋件之间有 20～30mm 的间隙，要求用高强度的填料填充密实。

环氧填料施工是直接影响人字门稳定性和止水的一项关键工序。首先做好封堵工作，浇筑过程中严格控制甲、乙组分的配比和温度，采用分层浇筑，保证填充密实。

5. 底水封及底槛安装

人字闸门采用的是 P 型橡皮止水，其关键在于安装时保证止水面的直线度和止水橡皮与支垫块的接头处的处理。安装时，在接头处预留 2mm 的余量，用压板压紧使其与支垫块结合面贴合紧密。斜接柱端同样预留 2mm 余量，切口处保证平直。

底槛安装在水封安装完成后进行。将门叶关至关门点，以水封止水面为基准，放出底槛止水面安装样点，然后将门打开进行底槛安装，底槛安装时，将止水面整体向上游移 2mm，各分节处不得有错位，不锈钢接逢处焊接后打磨平整。安装完成后加固焊接，然后将门叶关闭，检查止水橡皮与底槛的贴合情况，合格后浇筑二期混凝土。

七、人字闸门安装主要检测项目

人字闸门安装主要检测项目见表5-8。

表 5-8 　　　　　人字闸门安装主要检测项目

序号	检测项目		允许偏差/mm
1	两拉杆中心线交点与顶枢中心同心度		2.0
2	顶枢中心与底枢中心同轴度		0.5
3	不作止水的支、枕垫块间的间隙	连续间隙	0.2
		局部间隙	0.4
4	兼作止水的支、枕垫块间的间隙	连续间隙	0.15
		局部间隙	0.3
		累积间隙	≤10%总长
5	旋转门叶从全开至全关过程中斜接柱任一点的最大跳动量	门宽≤12m	1.0
		门宽 12～24m	1.5
		门宽>24m	2.0
6	门叶底横梁在斜接柱端的下垂值	水流方向	1.5
		垂直方向	±2.0
7	关门时侧止水橡皮与侧进水板间		2.0～—1.0
8	关门时底止水橡皮与埋件表面接触情况		均匀,无间隙

第九节　钢闸门及埋件安装施工安全措施

一、施工技术安全措施

（1）加强技术工艺管理工作、标准化工作、质量控制和试验工作、工序质量管理工作、技术服务工作。

（2）把好材料、外协件进厂关,按 ISO9001 质量体系要求选择合格的分供方;进厂材料、外协件进厂后必须进行材料验证,有疑问时进行理化检验。

（3）严格焊接质量管理,等级焊缝必须由合格焊工施焊,并与焊工的级别和科目相一致,焊后进行探伤检验。加强焊材管理、焊接工艺试验和工艺评定。

（4）收到施工图样后,认真审阅并进行施工工艺图设计,编制详细的制造工艺文件和详细的切实可行的安装方案,并报监理工程师审批后实施。

（5）设置必要的质量控制点，加强工序间质量检验。认真执行《质量检验制度》，实行三检制，做好原始记录。

（6）加强劳务管理，操作人员均需持证上岗，特殊工种如焊工、探伤工、起重工等证书级别和范围应与所从事的工作范围相一致。

二、质量控制措施

（1）金属结构及启闭机设备安装工程质量是关系到整个工程建设的重要一环，安装的质量控制不但要做好自身的工作，而且要从设备到货、材料进场的源头抓起，做好与各有关部门如物资部门、土建单位、设备制造厂家等单位的配合工作，层层把关。

（2）检测仪器的校验鉴定：重要的测量仪器如水准仪、经纬仪、超声波探伤仪、钢板尺等计量器具必须经省级计量单位定期鉴定。

（3）施工过程中的质量控制。

1）熟悉图纸。必须按图施工，任何人不得擅自更改图纸尺寸和技术要求，更改设计和施工技术方案必须严格按照报、请、审、批程序办事。按照审批的施工技术方案，落实质量技术交底制度。

2）检测记录。施工人员必须严格遵守工艺规程，对于重大工艺规程的修改必须征得有关部门的同意，质检人员以及时、准确、真实全面地做好各项记录及报表的保管、填写、呈报工作。

3）制作安装工作的验收应符合《水工金属结构防腐蚀规范》（SL 105—2007）、NB/T 35045—2014、《水利水电工程启闭机制造安装及验收规范》（SL 381—2007）、《电器装置安装工程　高压电器施工及验收规范》（GB 50147—2010）、《电器装置安装工程　电力变压器、油浸电抗器、互感器施工及验收规范》（GB 50148—2010）、《电器装置安装工程　母线装置施工及验收规范》（GB 50149—2010）、《电器装置安装工程　电器设备交接试验标准》（GB 50150—2010）、《水工金属结构焊接通用技术条件》（SL 36—2016）等招标文件所列有关规范、标准条文。

4）质量检验程序。施工完成且班组自检合格后,填写验收记录表,提交责任工程师,责任工程师负责终检,填写合格证,并提交监理工程师,申请单项工程验收。

三、安全保证措施

（1）做好安全宣传工作,强化安全意识,坚持班前安全讲话制度。施工人员必须做到人人熟悉施工规程和安全制度,上岗前必须进行安全教育,未经安全教育不得进入施工现场。努力做好对事故的预测、预控。充分利用各类交底、安全活动日、安全检查、安全工作指导书等,发动群众,有针对性的学习"安规"和上级有关安全文件,全面落实工程各项安全技术措施。

（2）做好安全管理工作的"三个落实"。充分重视安全工作,做好安全管理的组织落实、技术落实、资金落实,保证安全管理工作的顺利开展。

（3）抓住施工安全管理的"五个重点"。根据安装施工企业的特点,把消防防火工作、起重吊装作业及大件运输、高空作业、机动车辆管理、安全用电作为施工安全管理的重点,突出重点,涵盖施工的每个环节。施工现场严禁烟火,对员工强化消防意识教育,施工现场需配备足够的消防设施。制作安装过程中实行统一指挥,设立专职安全员,对起重、高空作业、人力防护、防火等做全面监督。

（4）与土建交叉施工作业时,必须配专人值班协调、调度,进行安全监督。设备安装前,应检查闸室内各种隐患,排除危物;对可能的各种隐患必须予以排除,否则不能开工。

（5）配备必要的防火器材,高空必须设置安全网、搭脚手架等防护措施。施工现场要有良好的通风条件,及时排除焊烟、粉尘、漆雾等有害物质,防止对人体的伤害,严禁中毒事件发生。

（6）施工人员需佩戴各种安全物品,人人佩戴安全帽,高处作业要系好安全带,张拉安全网,焊工作业必须佩戴防护面罩或眼镜。

（7）要做到安全用电,施工设备应可靠接地,防止触电,防止电器过载或误操作引起设备损坏或火灾。

（8）各种车辆必须遵守交通规则，保持车辆良好的技术状态，预防各类交通事故发生。

（9）遵守起重安全规程，吊物下严禁人、机停留。对于大件运输、吊装制定详细的方案，清理路障，检查并维护好起吊设备，运输前检查大件设备的捆扎是否牢靠，标志是否明显，运输过程中设小型车辆开道，并由专人监护指挥。司机人员应保证起重设备在完好状态下才可投入使用，起重操作应在合格起重工的指挥下进行。起重机司机和起重工必须持证上岗，并保持良好的精神状态，保证起重安全。对大件吊装，技术人员和现场指挥必须与起重司机、起重工协商，确立可行性吊装方案，杜绝违章操作。

（10）严格执行国家有关环境保护方面的法律法规，严禁在安装现场内大小便、吸烟，施工现场的废弃物必须用垃圾袋运出。

（11）贯彻班组安全管理的"四个坚持"。施工班组安全管理是整个施工安全管理的重要环节，坚持班前安排任务交代安全措施；坚持班中操作施工时安全员、班长检查安全；坚持下班前清理现场；坚持每周安全活动有主题、有记录，这"四个坚持"是班组安全管理的重点，也是搞好班组安全管理的基本要求。

（12）实行安全一票否决权，禁止违章作业、违章指挥。施工班组每周召开一次安全会议，各部门每月召开一次安全会议，组织学习有关安全文件、知识，查找不安全因素并提出消除方案，予以消除。各作业班组在班前班后对该班的安全作业情况进行检查和总结，并及时处理作业中的问题。

（13）孔洞应设置围栏等防护设施，危险场所应设置醒目的标志，以引起工作人员的注意。

第六章

水利水电压力钢管制造

第一节 水利水电压力钢管制造基本知识

一、压力钢管制造概述

近年来,许多大型水电站和抽水蓄能电站混凝土坝下游面采用了钢筋混凝土和钢衬混凝土两种压力管道形式。压力管道是从水库、压力前池或调压室向水轮机输送水量的水管,一般为有压状态,集中了水电站大部分或全部的水头,另外坡度较陡,内水压力大,还承受动水压力的冲击(水击压力),且靠近厂房,一旦破坏会严重威胁厂房的安全。所以压力管道具有特殊的重要性,对其材料、设计方法和加工工艺等都有特殊要求。

钢筋混凝土压力管道具有造价低、刚度较大、经久耐用等优点,通常用于内压不高的中小型水电站。除了普通的钢筋混凝土管外,还有预应力和自应力钢筋混凝土管、钢丝网水泥管和预应力钢丝网水泥管等。

钢衬混凝土又称压力钢管,由于钢材强度高,防渗性能好,故钢衬混凝土衬砌管道主要用于中、高水头电站。按其自身的结构可分为:①无缝钢管,其直径较小,适用于高水头小流量的情况;②焊接钢管,适用于较大直径的情况,焊接钢管由卷制成圆弧形的钢板焊接而成,当管道内水压力及直径较大时,钢板厚度将会较大,其加工比较困难,因而在这种情况下常采用焊接管或无缝钢管外套钢环(称为加劲环),从而使管壁和加劲环共同承受内水压力,以减小管壁钢板的厚度。压力管道的主要荷载为内水压力,管道的内直径 D(m)

和其承受的水头 $H(m)$ 及其乘积 HD 值是标志压力管道规模及技术难度的重要参数值。考虑电站运行的安全性，钢管所使用的钢材应根据钢管结构型式、钢管规模、使用温度、钢材性能、制作安装工艺要求以及经济合理等因素，参照设计规范选定。

目前世界上直径最大的压力钢管是位于云南水富市与四川省交界的金沙江下游河段，有世界第三大水电站之称的向家坝水电站，右岸地下厂房引水隧洞压力钢管最大直径 14.4m。

压力钢管制造通称压力钢管制作（以下简称钢管制作），是将钢板卷制弯曲成设计形状，并经拼装、焊接、防腐等工艺制作成具有一定承压能力的管道过程。按照形状分直管、等径弯管、渐变弯管、偏心渐变管、正锥渐变管、天圆地方及岔管。

近年来，我国抽水蓄能电站发展迅速，地下埋藏式压力钢管逐渐向大直径、中厚板发展，并且随着国内焊接技术发展，600MPa 以上高强钢压力钢管运用已经普及，国产 800MPa 钢岔管也得到多个工程运用，因此，本书压力钢管主要以抽水蓄能压力钢管制作安装为主进行论述。

二、制作材料、设备、工艺概述

1. 制作材料

钢管主要受力构件（包括管壁、支承环、岔管加强构件等）可采用下列钢种：Q235—C、D 级碳素结构钢，Q345—C、D 级及 Q390—C、D 级低合金结构钢；20R、16MnR、15MnNbR、15MnVR 等压力容器钢；07MnCrMoVR、07MnNiCrMoVDR 等高强度压力容器钢。明管宜采用容器钢。如需采用其他钢种，应先研究其性能，确定相应的焊接方式、热处理工艺等。明管支座辊轮可采用下列钢种：Q235—A、B、C 级钢；Q345—A、B、C 级钢；30、35、40、45 优质碳素结构钢；ZG230—450、ZG270—500、ZG310—570 等铸件。

2. 制作工艺

压力钢管制作原材料（钢板、焊材、气体）进场后，按照制作施工顺序主要分下料、卷制、组圆、焊接、防腐五个工序,见图 6-1。

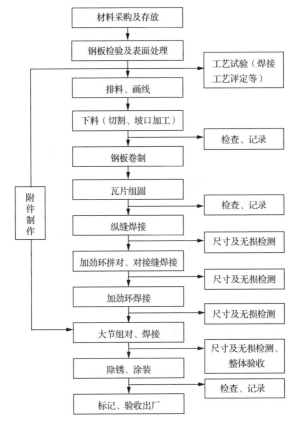

图 6-1 钢管制作工艺流程图

3. 制作设备

根据钢材材质,结合考虑经济成本,压力钢管制作主要通用设备按照工序分:

(1)下料:采取火焰、等离子、特种加工方式进行切割,一般采用 SZQG-5000 数控切割机。通过图形转换成程序代码,输入数控微电脑,控制火焰切割轨迹。

（2）坡口制备：压力钢管坡口加工设备直接影响拼装及焊接质量，因此切割设备尽量选择半自动或者自动设备，有条件选择冷加工制备；现场不具备条件时，可选择半自动切割机。安装现场宜采用以下设备：

三维立体切割机（IK-72T），是一种便携式自动切割机，配合1D、2D、3D导轨可进行直面、曲面（特别是三维曲面）切割，具有重量轻（含导轨仅11kg）、用途广、切割效率高的特点。

自动圆弧切割机（IK-70），设计巧妙，具有准确、稳定的切割速度、大范围的速度变换，实现了高速度、高精度切割，该装置可不借助模板或制图而进行切割，操作简单，应用广泛，经久耐用，可在壁面和斜坡上进行切割。

（3）卷制。一般采用压头机压制后，再利用卷板机进行卷制，卷板机通常采用液压式三辊、四辊型。

4．拼装设备

压力钢管制作拼装一般采用专用拼装工作台，配合千斤顶、压码等压缝设备进行。

5．焊接设备

压力钢管焊接设备根据焊接方法主要有焊条电弧焊、埋弧焊、CO_2气体保护焊等，主要设备有交流焊机、直流焊机。随着国内压力钢管制作采用自动焊接技术，埋弧焊机、埋弧横焊机、CO_2焊机、焊接中心等也得到积极推广运用，效果良好。

此外还有焊条烘干机、焊条烘箱、保温桶、电加热板、温湿度仪、测温枪等辅助设备。

6．探伤设备

由于压力钢管一类、二类级别焊缝较多，因此无损探伤设备较多，主要根据焊缝检查不同缺陷、合理选择无损探伤设备，其中外观质量检查主要采用渗透探伤（PT）、磁粉探伤（MT），内部缺陷检查主要采用超声波（UT）、射线（RT），近年来随着超声波衍射时差法（TOFD）技术的发展，在水电行业逐渐替代射线探伤是个趋势，由于TOFD具有使用方便、检测时间短、现场不需要封闭、检测结果可永久保存等优点，应该大力推广。

7. 防腐设备

压力钢管防腐主要设备有空压机、储气罐、喷砂机、油水分离器、喷砂枪等,防腐检查设备有粗糙度仪、湿膜测厚仪、干膜测厚仪、针孔检测仪、附着力仪等。

第二节　制　作　下　料

一、准备工作

1. 工艺设计

结合设计文件及施工蓝图,按主要施工工序编制工艺流程及工艺设计,组织相关人员会审后实施。制作下料工艺流程见图 6-2。

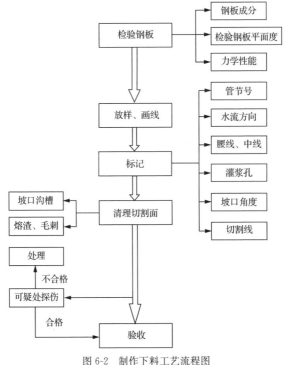

图 6-2　制作下料工艺流程图

2. 编制工艺文件

根据设计蓝图压力钢管尺寸参数,结合软件 Solidworks、钢构 CAD 或二维 CAD 进行放样,将管节展开成平面矩形、扇形、多变形等,编制成下料工艺卡。同时将平面图形转换成程序代码。编制工艺卡时有如下注意事项:

(1) 三维软件的普及使钢管放样方便快捷,但为了确保平面展开图形的准确性,需要对周长、上下左右中实线长度、夹角、趋势等进行校核,由于每个人运用软件的习惯不一样,放样趋势也存在差异,但素线实长尺寸不变。

(2) 编制下料工艺卡时应考虑管节瓦片数、错缝位置、加劲环块数、灌浆孔、排气孔的布置等综合参数。

1) 瓦片数:根据设计管节内径尺寸,按照中径(个别异形管节为外径)计算周长,结合钢板采购合同中最大供货尺寸进行确定。一般直径≤5m 的管节采用一张瓦片制作,直径大于 5m 的管节采用两张或多张瓦片制作。

2) 错缝:管节纵缝不应设置在管节横断面的水平轴线和铅垂轴线上,与轴线圆心夹角应大于 10°,且相应弧线距离应大于 300mm 及 10 倍管壁厚度;相邻管节的纵缝距离应大于板厚的 5 倍且不应小于 300mm;在同一管节上,相邻纵缝间距不应小于 500mm;环缝间距,直管不宜小于 500mm,弯管、渐变管等不宜小于 10 倍管壁厚度、300mm、$3.5\sqrt{r\delta}$(r 为钢管内半径,δ 为钢管壁厚)。

3) 加劲环块数:加劲环安装一般采用人工和行车吊装两种方式,通常加劲环长度 1.6~2m 为宜。

4) 灌浆孔、排气孔:由于管节卷制过程中灌浆孔变形,一般灌浆孔在卷制后开孔为宜,大直径管节曲率变化小可以在下料时进行开孔。排气孔建议安装加劲环时开孔,可以兼顾纵缝焊接时的过缝孔。

3. 材料准备

(1) 钢管制作钢板必须是出厂合格(具有材质证明、合格证书),并经过钢板化学成分、力学性能检测合格的钢板。建议按照炉批号进行抽检。

（2）钢板检验。对到货钢板数量进行清点，并对外形尺寸及外观质量进行检验。

（3）材料存放。钢板存放时钢板底部垫垫木。钢板按钢种、厚度等分类存放，设置标识牌，并采取防雨措施，防锈蚀变形。

（4）钢板的表面预处理。钢板在下料使用前应将表面油污、溶渣及氧化铁皮等清除干净。

二、设备选型

随着科技的进步，下料切割方式越来越多，目前火焰、等离子、特种加工方式都得到了广泛的运用。图6-3是目前最常见、运用范围最广的氧乙炔/氧丙烷火焰切割 SZQG-5000 数控切割机。

图6-3　SZQG-5000 数控切割机

三、制作下料

1. 钢板排料

（1）钢板排料即钢板试切割。是指根据设计图纸，绘制钢板排料图（即下料工艺卡），将数控切割机割嘴调整到低压氧，利用切割机上微机内的程序控制割嘴轨迹，进行画线。此步骤不可忽略，特别针对异形管节，通过轨迹和工艺卡对比能够及时发现程序问题，避免下料错误，造成资源浪费。

（2）核对轨迹尺寸和工艺卡标注尺寸，偏差是否满足表6-1要求，不满足时对程序进行修改、调整，满足偏差要求即可进行下料切割。

表 6-1　　　　　　　钢板画线极限偏差表

序号	项　目	极限偏差/mm
1	宽度和长度	±1
2	对角线相对差	2
3	对应边相对差	1
4	矢高(曲线部分)	±0.5

2. 钢板画线

(1) 钢板画线后应用钢印和冲版标记油漆分别标出钢管分段、分节、分块的编号,水流方向、水平和垂直中心线,灌浆孔位置,坡口角度以及切割线等符号。

(2) 高强度钢不得用锯和凿子、钢印做标记,不得在卷板外侧表面打冲眼,但在下列情况,深度不大于 0.5mm 的冲眼标记允许使用:①在卷板内侧表面,用来校核画线准确性的冲眼;②卷板后的外侧表面。

3. 下料切割

(1) 数控切割机:钢板切割、坡口加工,采用数控切割机切割。

特别说明:大部分全自动数控切割机可以通过调节火焰嘴的角度位置,将板材正面、反面坡口一次性切割完成。但个别型号的数控切割机只能进行单侧坡口切割,经过钢板翻身,再进行另一侧坡口的切割加工。故在采购设备时应考虑切割工艺需要,尽量减少翻身工序,降低安全风险和成本投入。

(2) 半自动切割机:直管板材(下料形状规则)坡口可以采用半自动氧-乙炔火焰切割机加工,并做打磨修整处理。

4. 打磨处理

(1) 钢板切割面的熔渣、毛刺和由于切割造成的缺口应用磨光机打磨干净,直至露出金属光泽。

(2) 切割时造成的坡口沟槽深度不应大于 0.5mm,当在 0.5~2mm 时,应进行砂轮打磨平滑过渡,当大于 2mm 时应按要求进行焊补后磨光,所有板材加工后的边缘不得有裂纹、夹层、夹渣和硬化层等缺陷。若有可疑处应进行磁粉或渗透探伤检查,避免母材缺陷对后续焊接施工造成影响。

(3)当相邻管节钢板厚度差大于4mm时,避免安装后存在台阶,应在下料时考虑将较厚的钢板(外壁厚度差值部分)以1:3的角度加工过渡坡口,加工至较薄钢板的厚度,为后续过渡焊接做准备。过渡坡口一般布置在钢管的外壁,以保持内径不变、过流面平整。

四、尺寸检查及验收

坡口尺寸应符合设计图纸或焊接工艺评定确定的坡口尺寸要求,切割后坡口尺寸极限偏差应符合下料工艺卡的偏差要求,见表6-2。

表6-2　　　　压力钢管制作下料施工检验表

＿＿＿＿＿电站＿＿＿＿＿工程

单位工程名称		单元工程量		
分部工程名称		施工单位		
单元工程名称、部位及编码		材质		内径/mm
管节号		材质证明书编号及炉批号		板厚/mm
项次	检验项目	设计值	允许误差	实测值	检测结果
1	放样划线	宽度和长度	±1mm	宽度	
				长度	
		对角线相对差	2mm		
		对应边相对差	1mm		
		矢高(曲线部分)	±0.5mm		
2	坡口下料尺寸	双面X型坡口	双面X型坡口		
3	坡口淬硬层及毛刺处理	打磨干净	符合要求		
施工单位	初检:　年　月　日	监理单位	验收意见:		
	复检:　年　月　日				
	终检:　年　月　日		年　月　日		

第三节　制　作　卷　制

一、准备工作

1. 工艺设计

结合设计图纸及设备性能,按主要操作程序编制工艺流程及工艺设计,组织相关人员会审后实施,见图 6-4。

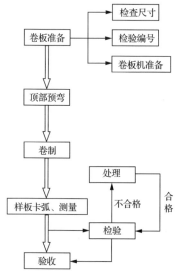

图 6-4　制作卷制工艺流程图

2. 材料准备

(1) 将下料验收合格的板材尺寸对照下料工艺卡进行核对,确认管节号、水流方向、管节上下左右中线标识是否正确。

(2) 核对板材厚度和坡口方向,将内坡口朝卷制方向(内坡口朝上辊方向)。

二、设备选型

卷板机型号多种多样,目前最常见、运用范围最广的是液压三辊、四辊卷板机。

液压三辊卷板机是对板料进行连续点弯曲的塑形机床，是上辊在两下辊中央对称位置通过液压缸内的液压油作用于活塞做垂直升降运动，通过主减速机的末级齿轮带动两下辊齿轮啮合做旋转运动，为卷制板材提供扭矩。规格平整的塑性金属板通过卷板机的 3 根工作辊（2 根下辊、1 根上辊）之间，借助上辊的下压及下辊的旋转运动，使金属板经过多道多次连续弯曲，产生永久性的塑性变形，卷制成所需要的圆筒、锥筒或它们的一部分。

液压四辊卷板机形式多样，常见的是上辊布置一个辊，下辊左右两侧各一辊，上辊位置固定不动，下辊向上直线运动夹紧钢板。上辊为主传动，通过减速机的输出齿轮与上辊齿轮啮合，为卷制板材提供扭矩；下辊做垂直升降运动，通过液压缸内的液压油作用于活塞而获得，以便夹紧板材为液压传动。在下辊的两侧设有侧辊并沿着机架导轨做倾斜运动，通过丝杆丝母蜗轮蜗杆传动，两侧辊直线或弧线向上辊靠拢，调整卷筒的曲率半径。

四辊和三辊卷板机的辊子运动形式不同，但工作原理都一样，都是利用三点定圆的原理进行不同半径的卷制。但四辊卷板机优点是板材端部预弯及卷圆可以在同一台设备上进行，预弯的直边和校圆的圆度都要比三辊好，同时可以对板材进行粗略校平，但针对小直径钢管和卷制斜角较大时精度偏差较大。相对三辊，四辊价格偏高，可以根据实际需要进行选择。

根据近几年水电站压力钢管的设计形式，结合经济成本考虑，目前钢管制作卷板工序一般采用压头机压制后，再利用液压三辊卷板机进行卷制，现以压头机和三辊卷板机为例，见图 6-5。

三、制作卷制

1. 压头机预弯

2. 直管卷制

直径小于 5.0m 的钢管采用单张钢板一次卷制成型，直径 5.0m 以上的钢管采用卷制 2 个瓦片再组圆焊接成型工

(a) 压头机   (b) 卷板机

图 6-5 压头机、卷板机加工图

艺。根据板材卷制的最大厚度确定卷板机的额定压力选择卷板机型号。当输入卷制压力小于额定压力时可以进行冷卷,当输入卷制压力大于额定压力时可以考虑进行热卷。压力钢管卷制工艺见图 6-6。

图 6-6 卷制示意图

(1) 在卷制钢板进辊前,通过微机输入板材厚度、宽度、卷制内径等参数,微机经数据计算后得出此型号卷板机的输出压力值 A。

(2) 初卷:在微机上输入压力值 $B(B<A)$,移动上辊位置同时移动板材,控制上辊沿板材卷制方向同向旋转进行卷制。

(3) 复卷:当板材初卷至端头后,调整上辊进行反方向旋转,缓慢调整上辊位置。

3. 卷制过程中检测

(1) 卷制过程中利用样板弧与钢板弧度进行对比,间隙较大时钢板卷制方向和钢板压延方向一致,钢板经多次卷制,直至达到设计弧度。

（2）瓦片卷制成型后，以自由状态立于平台上，用样板检查弧度，样板与瓦片的极限间隙应符合规范要求。为防止弧面扭曲，还应用拉对角线的方法进行校核。

（3）瓦片卷制成型后应在平台上检查管口平面度是否符合规范要求（见表6-3）。

表6-3　　　　　　　　样板与瓦片的允许间隙

序号	钢管内径 D/m	样板弦长/m	样板与瓦片的允许间隙/mm
1	$D \leqslant 2$	0.5D（且不应小于500mm）	1.5
2	$2 < D \leqslant 5$	1.0	2.0
3	$5 < D \leqslant 8$	1.5	2.5
4	$D > 8$	2.0	3.0

特别说明：高强度调质钢和高强度控轧钢，不宜进行火焰矫形。若采用火焰矫正弧度时，加热矫形温度不得大于钢板材质回火温度或控轧终止温度。

四、尺寸检查及验收

卷制后的瓦片应符合设计图纸和相关规范标准的尺寸要求，并做好检查验收记录（见表6-4）。

表6-4　　　　　　压力钢管制作卷制拼对施工检验表

　　　　　　　　＿＿＿＿电站＿＿＿＿工程

单位工程名称		单元工程量		
分部工程名称		施工单位		
单元工程名称、部位及编码		材质	板厚/mm	
管节号			内径/mm	
项次	项目	设计值	允许偏差/mm	实测值/mm	检测结果
1	实测周长与设计周长差		钢管内径 D/m		
			$2 < D \leqslant 5$ ｜ $5 < D \leqslant 8$ ｜ $D > 8$		
			±3D/1000 且极限偏差≤±24		

项次	项目	设计值	允许偏差/mm			实测值/mm				检测结果
2	纵缝对口径向错边量		10%δ,且≤2							
3	钢管管口平面度		D≤5		D>5					
			2.0		3.0					
4	纵缝与样板的极限间隙		钢管内径D	D≤5	5<D≤8	D>8				
			样板弦长/m	500	D/10	1200				
			极限间隙/m	4.0	4.0	6.0				
5	钢管圆度		≤3D/1000,且≤30							

施工单位	初检: 年 月 日	监理单位	验收意见:
	复检: 年 月 日		
	终检: 年 月 日		年 月 日

第四节 制 作 组 圆

一、准备工作

1. 工艺设计

结合设计图纸及设备性能,按主要施工程序编制工艺流程及工艺设计,组织相关人员会审后实施。流程见图 6-7。

2. 材料准备

(1) 卷制验收合格的板材尺寸对照图纸进行核对,确认管节号、水流方向、管节上下左右中线标识。

(2) 校核组圆平台的平面度。

1) 设计合理的组圆平台。由于受制作条件、地理位置等影响,一般设计组圆平台有如下步骤:

①位置选择:根据钢管制作现场实际条件统筹考虑,规

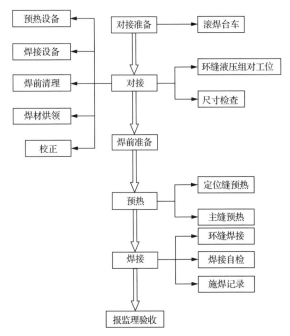

图 6-7 组圆工艺流程图

划出方便、合理的区域作为拼装工位。平台平面要求精度高,在选择安装位置时尽量选择地质条件好的位置,同时建议地基进行强夯处理,并浇筑混凝土,避免地基沉降等地质变化造成平台精度降低。

②设计形式:平台设计时采用多点式(米字形)为宜,后期方便调整(见图 6-8)。如现场具备条件也可采用平面式,效果会更好,但后期调整比较麻烦。

③设计结构:一般分为两步,第一,设计一期基础埋件,制作铁板凳,并在铁板凳上开孔,焊接螺栓;第二,设计二期平台,采用工字钢或钢板作为平台平面,固定于一期埋件上,利用螺栓进行调节平面高度。

④组圆平台安装时平面度一般按照正偏差要求,且平面度偏差不大于1mm。

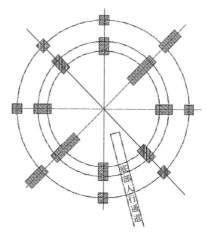

图 6-8　组圆平台设计简图

2) 校核组圆平台的平面度。钢管制作标准要求:管口平面度偏差不大于2mm。为保证瓦片拼装精度,组圆平台平面精度必须高于钢管制作平面度要求,按照平面度偏差不大于1mm进行调整控制。

二、设备选型

目前水电压力钢管制作,瓦片拼装组圆没有专用设备,在洞内现场或制作车间组圆施工基本原理:在专用拼装平台上,利用多组液压千斤顶进行拼装压缝。结合施工现场实际情况,形式呈现多种多样。

三、制作组圆

1. 工装调整、吊装

根据钢管内径调整米字型工装伸缩杆长度,小于半径50mm左右;利用门式起重机或桥式起重机将卷制合格的瓦片吊至组圆平台上进行瓦片组圆。

2. 组圆

将管节瓦片立于组圆平台进行组圆,采用组圆工装,配合千斤顶调整,内径、错边量、间隙调整至设计图纸和相关标准规范要求的尺寸偏差范围内,用工装(骑马板、夹板)夹紧,并进行定位焊焊接。组圆施工如图 6-9 所示。

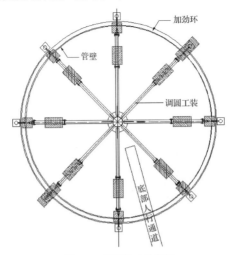

图 6-9　组圆施工示意图

3. 组圆尺寸要求

（1）瓦片组圆在调圆平台上进行。当钢管内径不大于 5m 时，管口平面度偏差不大于 2mm；当钢管内径大于 5m 时，不大于 3mm。

（2）瓦片组圆后，任意板厚的实测周长与设计周长差应控制在 $\pm 3D/1000$ 之内，且不超过 ± 24mm，相邻管节周长差不超过 10mm。

（3）瓦片组圆纵缝和环缝错边量要求见表 6-5。

表 6-5　　　　瓦片组圆纵缝和环缝错边量

焊缝类别	板厚/mm	极限偏差/mm
纵缝	任意板厚	$10\%\delta$，且不大于 2
环缝	$\delta \leqslant 30$	$15\%\delta$，且不大于 3
	$30 < \delta \leqslant 60$	$10\%\delta$
	$\delta > 60$	$\leqslant 6$

4. 定位焊

（1）定位焊可留在二类焊缝内，成为焊接构件的一部分，但不得保留在一类焊缝内,也不得保留在高强钢的任何焊缝内。定位焊在后焊侧坡口内,正缝焊接前清除定位焊并打磨清除干净。一类、二类定位焊焊接工艺与对焊工要求与正式焊缝相同。

（2）高强钢定位焊长度应在80mm以上,且至少焊2层。

（3）需要预热的钢板定位焊时应对定位焊缝周围150mm进行预热,预热温度要比正缝预热高出20℃～30℃。

（4）定位焊缝位置应距焊缝端部30mm以上,其长度应在50mm以上,但标准屈服强度≥650N/m² 或标准抗拉强度≥800N/m² 的高强钢时,其长度应在80mm以上且至少焊2层,通常定位焊缝间距为300mm,厚度不宜大于正式焊缝的一半且不大于8mm,定位焊应在后焊一侧的坡口内。

第五节　加劲环安装

一、工艺设计

结合设计图纸及设备性能,按主要施工程序编制工艺流程及工艺设计,组织相关人员会审后实施。流程见图6-10。

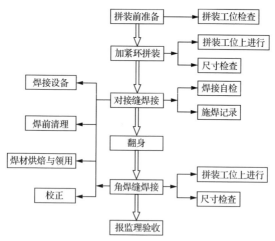

图6-10　加劲环安装工艺流程图

二、加劲环拼装工艺

（1）加劲环拼装前用样板抽查内圆弧度，间隙应满足规范要求。如表 6-6 所示。

表 6-6　　　　　　　　　　加劲环内圆弧度偏差

序号	钢管内径 D/m	样板弦长/m	样板与瓦片的极限间隙/mm
1	$2<D\leqslant5$	1.0	2.0
2	$5<D\leqslant8$	1.5	2.5
3	$D>8$	2.0	3.0

（2）加劲环与钢管外壁的局部间隙应严格控制，不应大于 3mm，以免焊接引起管壁局部变形，直管段的加劲环组装的极限偏差应符合表 6-7 要求。

表 6-7　　　　　　　　　　加劲环组装的极限偏差

序号	项目	支撑环极限/mm	加劲环极限偏差/mm
1	与管壁垂直度	$0.01H$ 且 $\leqslant3$	$0.02H$ 且 $\leqslant5$
2	与轴线的垂直度	$2D/1000$ 且 $\leqslant6$	$4D/1000$ 且 $\leqslant12$
3	相临两环间距	±10	±30

（3）加劲环、止推环、阻水环、止水环的对接焊缝应与钢管纵缝错开 200mm 以上。

（4）根据混凝土浇筑要求，在加劲环接近管壁处按照设计要求开设排气孔，同时可兼作灌浆管和集水角钢串通孔。

（5）在加劲环、止推环与钢管的连接焊缝（贴角或组合焊缝）和钢管纵缝交叉处，在加劲环止推环内弧侧开半径 25～50mm 的避缝孔。且避缝孔、串通孔等焊缝端头应进行包角焊。

（6）加劲环的拼装及焊接应在纵缝焊接、探伤、钢管调圆完成后进行，加劲环的焊接先焊接对接缝，再焊接加劲环与管壁的角焊缝。角焊缝焊脚高度应满足图纸设计要求。

三、尺寸检查及验收

加劲环安装完成后应符合设计图纸和相关规范标准的尺寸要求，并做好检查验收记录，见表 6-8。

表 6-8　压力钢管制作加劲环、止推环、阻水环拼对施工检验表

_____电站_____工程

单位工程名称			单元工程量			
分部工程名称			施工单位			
单元工程名称、部位及编码		材质		板厚/mm		
管节号				内径/mm		
项次	项目	设计值	允许偏差/mm		实测值/mm	检验结果
1	加劲环、止推环或阻水环与管壁的垂直度		$a \leqslant 0.02H$，且$\leqslant 5mm$			
2	加劲环、止推环或阻水环所组成的平面与管轴线的垂直度		$B \leqslant 4D/1000$，且$\leqslant 12mm$			
3	加劲环、止推环或阻水环相邻两环的间距		$\pm 30mm$			
施工单位	初检：　　年　　月　　日			监理单位	验收意见：	
	复检：　　年　　月　　日					
	终检：　　年　　月　　日				年　　月　　日	

第六节　制　作　焊　接

经验之谈

压力钢管制作焊接注意事项

★为保证压力钢管制作的焊接质量，必须根据规程规范、施工图纸、焊接工艺评定报告和类似工程经验，编制合理的工艺流程。

★焊接工艺准备阶段，需根据工程实际，选定焊接工艺参数和焊材，编制焊接工艺指导书。

★按照焊接工艺指导书严格执行焊接工艺评定试板的焊接和力学检测。

★根据焊接工艺评定试板的焊接和力学检测结果，调整焊接工艺指导书的焊接参数，编制成焊接工艺规程，以指导后续焊接施工。

一、工艺流程

随着水电站输水系统压力钢管的广泛应用，在其制作与安装的各个工序中，焊接工序尤为重要，焊接质量是评定压力钢管制作安装质量的关键，也是基础。为了保证压力钢管制作的焊接质量，减少焊接缺陷和返修，提高焊接一次探伤合格率，规范焊缝焊接顺序，减小焊接变形，使整个焊接过程规范化、程序化，必须根据规程规范、施工图纸、焊接工艺评定报告和类似工程经验，编制合理的工艺流程。

压力钢管焊接一般工艺流程：选择焊接工艺参数和焊接材料→编制焊接工艺评定指导书→对编制的焊接工艺进行评定→根据评定结果调整工艺参数（预热温度、线能量等）→确定正确的工艺参数、焊接工艺和焊接材料→编制生产焊接工艺规程→生产焊接。

二、焊接工艺准备

1. 焊接工艺参数和材料的选择

焊接工艺参数的选择。根据设计图纸钢管管壁、加劲环的材料、板厚等参数，结合坡口形式，在焊接手册中查表，选择相应坡口形式的参考焊接参数。

1）按母材的抗拉强度选用焊接材料，焊接材料必须符合国标的相关要求，其熔敷金属力学性能和化学成分等各项指标，符合图纸技术要求和相关的标准。

2）结合焊接工艺评定进行选用。

2. 焊材的选择

按照设计图纸钢管管壁、加劲环的材料、板厚等参数，结合坡口形式，在焊接手册和《水电水利工程压力钢管制作安装及验收规范》（GB 50766—2012）中查表，选择推荐的焊材型号。

3. 编制焊接工艺指导书

（1）焊材进厂验收标准：

1）《非合金钢及细晶粒钢焊条》（GB/T 5117—2012）；

2）《埋弧焊用碳钢焊丝和焊剂》（GB/T 5293—1999）；

3）《气体保护电弧用碳钢、低合金钢焊丝》（GB/T 8110—2008）。

（2）焊材进厂检验内容：

1）焊接材料进厂后，采购人员会同质检负责人对焊材质量证明书的项目、数据是否符合相关标准、订货协议、技术条件及特殊要求进行检验。

2）焊接材料质量证明书经检验合格后，如有必要，应对焊丝、焊剂等焊接材料的熔敷金属的化学成分、晶间腐蚀倾向、选择性腐蚀进行试验检查及金相检查。

3）经验收和材料送验合格后，质检负责人给出材料检验报告或说明，并出具编号。

4）采购人员会同材料保管员对焊材实物的批号、包装等与质量证明书进行核实，其内容应统一。由保管人质在明显的位置做出材料标记，焊接材料应存放在符合管理要求的焊接库。

（3）焊材存储要求：

1）各类焊条必须分类、分牌号堆放，避免混乱。

2）焊条必须存放在较干燥的仓库内，室温在 5℃ 以上，相对湿度小于 60%。

3）各类焊条存储时，必须离地面高 300mm，离墙壁 300mm 以上存放，以免受潮。

4）一般焊条一次出库量不能超过 2d 的用量，已经出库的焊条，必须保管好。

（4）焊材保管基本规定：

1）焊条保管的好坏对焊接质量有直接影响，尤其在野外工作时要特别注意。每个焊工、保管员和技术人员都应该遵守焊条存储、保管规定。

2）焊条容易遭到损害的原因及防护。运输、搬运、使用时受到损伤：虽然焊条在一般情况下具有抗外界破坏能力，但不能忽视由于保管不好很容易遭受损坏。焊条是一种陶质产品，不能像钢芯那样耐冲击，所以装货和卸货时不能摔。用纸盒包装的焊条不能用挂货搬运。某些型号焊条如特殊烘干要求的碱性焊条涂料比正常焊条更要小心轻放。

被水浸泡或吸潮：在焊条涂料中含有太高的水分是很危险的，由于很多工人不了解焊条是湿的，焊完时焊缝表面用肉眼不一定看得见气孔，但是经 X 射线检查就显示出气孔来。焊条出厂时，所有的焊条有某一含水量，它根据焊条的型号而变，这个含水量是正常的，即对形成气孔有一个含水量的安全系数，对焊缝质量没有影响。所有焊条在空气中都能吸收水分，在相对湿度为 90%时，焊条涂料吸收水分很快，普通碱性焊条露在外面一天受潮就很严重，甚至相对湿度为70%时涂料水分增加也较快，只在相对湿度为 40%或更低时，焊条长期储存才不受影响。

由于昼夜湿度之间的差别很大，空气水分在早上很容易凝结成露水，很容易潮湿焊条包装。焊条存放时间较长时就很容易受潮，所以最好做到先入库的焊条先使用。

在一般情况下焊条由塑料袋和纸盒包装，为了防止吸潮，在焊条使用前不能随意拆开，尽量做到现用现拆，有可能的话，焊完后剩余的焊条再密封起来。

（5）简单识别受潮的方法。从不同位置取出几根焊条用两个手的拇指和食指之间将焊条支撑轻轻摇动，如果焊条是干燥的就产生硬而脆的金属声，如果焊条受潮声音发钝。在使用焊条时常做各种试验，干燥过的和受潮焊条之间声音是不同的，这样可以防止误用受潮焊条。

如果用某种型号受潮焊条焊接时发现有裂纹声音和气孔，这时一定要考虑焊条是否烘干，然后再考虑其他原因。

用受潮焊条焊接时如果焊条含水量非常高，甚至可以看到焊条表面有水蒸气发出来，或者当焊条烧焊一多半时，发现焊条尾部有裂纹现象存在。

（6）焊材烘焙制度：

1）焊条烘干员应严格按设备操作规程进行操作。未经烘干员同意，任何人不得私自动用烘干设备。

2）焊条入库前应检查外观、包装、质量证明资料、生产日期等，不符合要求的严禁入库。

3）焊条仓储和烘干必须分类、分牌号分别存放，做好标识，避免混放，杜绝错发错用。

4）焊条烘干员要认真做好焊条烘干、发放及回收记录，配合设备管理员做好设备运转记录。

5）焊条烘干员应清楚所烘焊条的各种烘干参数，并按参数要求进行操作，不同烘干温度的焊材，不得在同一烘干箱内同时烘干。

6）焊条烘干时，不应成垛或成捆堆放，应敷设成层状，且不易过厚（一般为1～3层）。禁止将焊条突然放入高温炉内加温或从高温炉内取出冷却，应缓慢升温和冷却，防止焊条因骤热或骤冷而产生药皮开裂或脱落现象。

7）焊条烘干后，要存放在恒温箱内，焊条烘干不得超过两次，二次烘干的焊条要做好二次烘干发放记录，二次烘干后未使用的焊条应作降级使用或报废。

8）烘焙温度：CHE607R 加热温度 350 ～ 430℃；CHE507R 加热温度 350℃；CHE507 加热温度 350～430℃。

（7）焊材发放制度。焊条发放要先烘干先发放的原则进行，班组领用焊条应明确使用部位和材质，烘干后的焊条一次领用不得超过 5kg。特殊焊条的领用要填写《焊材使用申请单》，经焊接工程师批准后，交焊条烘干员备料。

（8）焊缝的分类。焊缝应按其受力性质、工况和重要性分为三类：

1）一类焊缝包括：钢管管壁纵缝，弹性垫层管的环缝，凑合节合拢环缝；岔管管壁纵缝、环缝，岔管加劲环的对接焊缝，加劲环与管壁相接处的角焊缝；闷头焊缝及闷头与管壁的连接焊缝。

2）二类焊缝包括：不属于一类焊缝的钢管管壁环缝；加

劲环、阻水环、止推环对接焊缝。

3）三类焊缝包括：加劲环、阻水环、止推环与管壁的角焊缝；集水角钢、集水槽钢的对接缝和角焊缝。

（9）焊缝的预热和焊条使用。

1）焊缝预热温度。焊缝预热温度见表6-9。

表6-9　　　　　　　　　　焊缝预热温度参考表

序号	板厚/mm	Q235、Q295、Q245R、L245、L290/℃	Q345、Q345R、16MnDR、15MnNiDR、L320、L360/℃	Q390、Q370R、Q420、15MnNiNbDR、L415、18MnMoNbR、13MnNiMoR/℃	07MnCrMoVR、07MnNiCrMoVDR、Q460、L450、L485、L555/℃	不锈钢及不锈钢复合钢板/℃
1	≤25	—	—	—		—
2	>25～30	—	—	60～80*	80～120	50～80
3	>30～38	—	60～80*	80～100	80～120	
4	>38	80～120	80～120	80～150	80～150	80～150

注：1. 环境气温低于5℃应采用较高的预热温度。

2. 对不需预热的焊缝，当环境相对湿度大于90%或环境气温低于−5℃时，对于低碳钢要预热到20℃以上才能施焊。

* 当拘束度低、坡口无水渍、环境湿度小且焊接中未发现裂纹时，可不预热。

2）焊条使用。

①在领用焊条时必须装入保温桶内，现场使用的焊条保温筒内温度应在80～150℃，焊条在保温筒内的时间大于4h后应重新烘焙，重复烘焙次数不宜大于两次。

②施焊时应盖好保温桶盖，插上电源，使焊条处于保温状态。

（10）定位焊焊接。

1）定位焊采用焊条电弧焊进行。Q345C和Q345D钢材的定位焊可留在二类焊缝内，成为焊接构件的一部分，但不得保留在一类焊缝内，也不得保留在高强钢的任何焊缝内。定位焊在后焊侧坡口内，正缝焊接前清除定位焊并打磨清除干净。

2）高强钢定位焊长度应在 80mm 以上，且至少焊两层。

3）一类、二类定位焊焊接工艺与对焊工要求与正式焊缝相同。

4）需要预热的钢板定位焊时应对定位焊缝周围 150mm 进行预热，预热温度要比正缝预热高 20～30℃。

5）定位焊缝位置应距焊缝端部 30mm 以上，其长度应在 50mm 以上，但对标准屈服强度 ≥650N/m²，其长度应在 80mm 以上且至少焊两层，通常定位焊缝间距为 300mm，厚度不宜大于正式焊缝的一半且不大于 8mm，定位焊应在后焊一侧的坡口内。

（11）焊接工艺要求。

1）施焊前，应将坡口及其两侧 10～20mm 范围内的铁锈、熔渣、油垢、水迹等清除干净。并应检测装配尺寸和坡口尺寸，定位焊缝上的裂纹、气孔和夹渣等缺欠均应清除。

2）焊接时采用多层多道焊接方法，当层间温度大于 200℃时，焊工应立即停止操作，待温度降至 150℃以下后再开始焊接。

3）焊接电流、电压、线能量的规定见表 6-10。

表 6-10　　　焊接电流、电压、线能量表（参考）

焊接方法		电流/A	电压/V	线能量 /（kJ/cm）
手工焊 （管壁）	Q345 对接	140～160	24	20～38
	600MPa 对接	140～160	22～23	22～38
CO₂ 气保焊	加劲环	140～160	18～19	22～38

注：1. 记录线能量（kJ/cm）＝电流（A）×电压（V）×0.06/焊接速度（cm/min）。

2. 焊接速度：单位时间内焊接焊道的长度。

三、焊接工艺评定

1. 焊接工艺评定试板

焊接工艺评定试板一般长度选择大于 600mm、宽度选择大于 200mm 为宜,可根据探伤设备和力学检测试件的需要进行选择试板尺寸,试板可以按照厚度覆盖原则选择合理的板厚。焊接采取多层多道焊接,按照焊接工艺指导的焊接参数进行施焊,见表 6-11。

表 6-11　焊接工艺适用于焊件的母材厚度和焊缝金属厚度的有效范围

序号	适用范围		试件母材厚度 δ 及试件焊缝金属厚度 t^a /mm	适用于焊件母材厚度范围/mm		适用于焊件焊缝金属厚度范围/mm	
				最小值	最大值	最小值	最大值
1	母材强度等级	标准抗拉强度下限值> 540N/mm²	$1.5 \leqslant \delta(t) < 8$	1.5	2δ,且不应大于 12	不限	$2t$,且不应大于 12
2			$\delta(t) \geqslant 8$	0.75δ	1.5δ	不限	$1.5t$
3		标准抗拉强度下限值≤ 540N/mm²	$1.5 \leqslant \delta(t) \leqslant 10$	1.5	2δ	不限	$2t$
4			$10 < \delta < 38$	5	2δ	不限	$2t$
5			$\delta \geqslant 38$	5	200^b	不限	$2t(t < 20)$ 200^b $(t \geqslant 20)$

注:a. t 指一种焊接方法(或焊接工艺)在试件上所熔的焊缝金属厚度。

b. 限于焊条电弧焊、钨极氩弧焊、等离子焊、埋弧焊、熔化极气体保护焊的多道焊。

2. 焊接工艺评定检测

(1)注明试板材质、板厚、热处理、焊接预热后热等情况。

(2)试板编号及说明。在焊接工艺评定试板焊接完成,进行 100%焊缝探伤检测合格后,在试板上用记号笔和钢印做了标记,并对试板进行编号:S 表示焊条电弧焊,Z 表示埋弧焊,BZ 表示气体保护焊。

对试板检验项目和试样取样数量及编号进行汇总列表,试板取样时,必须保证编号移植正确。

(3)试样试验标准。

1)硬度试验:《焊接接头硬度试验方法》(GB/T 2654—2008);

2)拉伸试验:《焊接接头拉伸试验方法》(GB/T 2651—

2008）；

    3）弯曲试验：《焊接接头弯曲试验方法》（GB/T 2653—2008）；

    4）冲击试验：《焊接接头冲击试验方法》（GB/T 2650—2008）。

    （4）检验合格标准。

    1）硬度试验。硬度试验采用维氏硬度。符合《水电水利工程压力钢管制造安装及验收规范》（DL/T 5017—2007）规范表 6.1.22 中的规定。硬度测试作为辅助测试合格后，再做力学性能试验。

    2）弯曲试验。按要求进行弯曲试验，当达到规定的角度后，拉伸面上不得有单条长度大于 3mm 的裂缝或缺陷，试样的棱角裂缝不计，但由焊缝夹渣或其他焊接缺陷引起的裂纹，则应计入。

    3）拉伸试验。当拉伸值低于标准值，且断裂在非热影响区的主材时，应报告监理工程师请示处理意见；当拉伸试验拉力大于设计值仍未拉断，继续进行拉伸，直至拉断，并记录 Rm 值。

    4）冲击试验。试样数量为热影响区和焊缝上各取 3 个，共计 6 个，异种钢接头每侧热影响区分别取 3 个，焊缝取 3 个，共计 9 个。

    3. 焊接工艺评定检测报告

    根据焊接工艺评定试板试件各项检测数据，判断数值合格与否，出具相应的检测报告，报告需要有 CMA 章。

    取样检测完毕，应将取样后剩余的焊接试件及检测的试样进行保留。要求：对剩余焊接试件及检测的试验试样按照《试板检验项目和试样取样数量及编号汇总》表进行分类，正确编号，以备查用。

    在做硬度、拉伸、侧弯、冲击试验时，各拍 3 张数码照片，共 12 张照片，全面反映力学性能测试过程，作为影像资料留存。

四、编制焊接工艺规程

根据焊接工艺评定试板的焊接和力学检测结果,调整焊接工艺指导书的焊接参数:电流、电压、线能量、层道数,编制焊接工艺规程指导后续焊接施工。

各焊接人员必须按工艺规程参数和分层分道示意图进行施焊。

1. 焊接工艺参数的确定

焊接工艺参数根据焊接工艺评定结果以及现场情况进行最终确定,表 6-12 为焊接工艺参数表实例。

2. 焊接层道数的确定

焊道直接关系到焊接线能量控制,必须在焊接工艺规程中明确制定并严格实施,焊道实例见图 6-11。

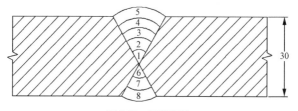

图 6-11　焊道样图

五、生产焊接

1. 焊前准备

(1) 焊前清理:清理焊缝及焊缝坡口两侧各 $50\sim100$mm 范围内的氧化皮、铁锈、油污及其他杂物,并打磨坡口出金属光泽;对母材部分的缺陷做彻底打磨处理,并做好记录。每一焊道焊完后也应及时清理,检查合格后再焊。

(2) 纵缝埋弧焊接前设置好引弧和熄弧板。

(3) 设置测量焊接变形参考点。

(4) 准备测量焊接弧度的样板。

(5) 准备各项焊接辅助设施。

(6) 施焊前,对组装尺寸超差的进行校正,错台采用卡具校正,不得用锤击或其他损坏钢板的器具校正。

(7) 焊条的烘焙及发放:焊条的发放、烘焙设专人负责,

表6-12

焊接工艺参数实例

材质	焊接方法	母材板厚/mm	焊道/焊层	焊材	直径/mm	电流/A	电弧电压/V	焊接速度/(cm/min)	线能量/(ckJ/cm) min	线能量/(ckJ/cm) max
B610CF+Q345D (Q345C)	焊条电弧焊 (SMAW)	30	1/正缝封底层	CHE507R	3.2/4.0	90~150	18~25	7~9	15	38
			2/正缝中间层		4.0					
			3/正缝中间层		4.0					
			4/正缝盖面层		4.0					
			5/正缝盖面层		4.0					
			6/背缝封底层		3.2/4.0					
			7/背缝中间层		4.0	130~180	18~25	7~9	15	38
			8/背缝盖面层		4.0					
			3/正缝中间层		4.0					
			4/正缝盖面层		4.0					
			5/正缝盖面层		4.0					
			6/背缝封底层		3.2/4.0					
			7/背缝中间层		4.0					
			8/背缝盖面层		4.0					

注：当厚度δ>30mm时，预热温度：80~100℃，层间温度：80~200℃，后热温度：150~200℃，保温1h。

并及时做好实测温度和焊条的发放记录。烘焙温度和时间严格按厂家说明书的规定进行。烘焙后的焊条保存在 $100\sim150℃$ 的恒温箱内,药皮应无脱落和明显的裂纹。现场使用的焊条必须装入保温筒内,保温筒必须接好电源、盖好盖,焊接时随用随取,严禁使用未经烘干的冷焊条施焊。焊条在保温筒内的时间不宜超过 4h,超过后,应重新烘焙,重复烘焙的次数不宜超过 2 次。埋弧焊焊剂同样需要烘焙,焊剂中如有杂物混入,应对焊剂进行清理,或全部更换,焊丝在使用前应清除铁锈和油污。

2. 焊接预热

(1) 根据工艺评定结果对需要预热的焊缝必须进行焊前预热,其定位焊和主缝均应预热(定位焊预热温度较主焊缝预热温度提高 $20\sim30℃$),并在焊接过程中保持预热温度;层间温度不应低于预热温度,Q345 不高于 $230℃$,高强钢不应高于 $200℃$。一、二类焊缝预热温度应符合焊接工艺的规定。

(2) 焊前需预热的焊缝开始施焊后要连续焊接直至完成,若由于各种原因停止施焊,需对加热部位进行保温直至再次施焊。对因停电等原因造成无法施焊的情况,需经无损检测确信已焊部位无裂纹,并重新按要求预热后方可继续施焊。

(3) 采用履带式电加热板进行加热和保温,通过热电偶和温控仪严格控制升温速度,保温温度。

(4) 使用红外线测温枪或监理工程师同意的表面测温计作为附加手段测定温度。预热时必须均匀加热,预热区的宽度为焊缝两侧各 3 倍焊板厚度范围,且不小于 100mm。测量温度在距焊缝中心线各 50mm 处对称测量,当板厚大于70mm 时,测量温度在距焊缝中心线各 70mm 处对称测量。每条焊缝测量点间距不大于 2.0m,且不少于 3 对。

(5) 在需要预热焊接的钢板上焊接加劲环、止水环等附属构件时,按焊接工艺评定确定的预热温度,或按和焊接主缝相同的预热温度进行预热。

(6) 接受监理工程师对某些焊接部位提出特殊的预热要求。

3. 定位焊

（1）定位焊采用手工电弧焊进行。Q345 钢材的定位焊可留在二类焊缝内，构成焊接构件的一部分，但不得保留在一类焊缝内，也不得保留在高强钢的任何焊缝内。不允许保留定位焊的焊缝，定位焊焊在后焊侧坡口内，施焊前清除定位焊并予以磨平，清除工作不得损伤母材。

（2）定位焊工艺和焊工要求与主缝相同。

（3）高强钢定位焊长度应在 80mm 以上，且至少焊 2 层。

（4）施焊前应检查定位焊的质量，如有裂纹、气孔、夹渣等缺陷均应清除。

（5）其他要求见 DL/T 5017—2007 中 5.3.12 条的规定。

4. 焊接环境要求

焊接环境出现下列情况时，应采取有效的防护措施，无防护措施时，应停止焊接工作：

（1）风速：气体保护焊大于 2.0m/s，其他焊接方法大于 8.0m/s；

（2）相对湿度大于 90%；

（3）环境温度：高强钢及不锈钢低于 0℃，低碳钢低于 −20℃，低合金钢低于 −10℃；

（4）雨天和雪天的露天施焊；

（5）焊工技能受影响的温度；

（6）焊接位置有水。

5. 焊接要求

（1）主缝焊接：钢管组圆验收合格后进行纵缝焊接。焊接时，应严格按确定的焊接工艺实施，不得随意更改工艺参数。为控制焊接变形，较厚板材对接均开不对称 X 型坡口，采用多层（每层施焊厚度 4～6mm）、双面施焊；焊前制定焊接顺序并根据实际情况及时调整，焊接过程中用弧度样板进行弧度检查，根据所测的结果调整焊接顺序。双面焊时，单侧焊完后用碳弧气刨进行背面清根，将焊在清根侧的定位焊缝金属清除。清根后用砂轮机修整刨槽，磨除渗碳层，并做磁粉检查，确保无缺陷后方可进行背缝焊接。

（2）施焊前，对主要部件的组装进行检查，有偏差时应及时予以校正。

（3）各种焊接材料应按焊接工艺规程的规定进行烘焙和保管。

（4）焊接时严格按确定的焊接工艺实施，不得随意更改工艺参数。

（5）同一种钢材焊接，低合金钢和高强钢，焊缝金属的力学性能应与母材相当，且焊缝金属的抗拉强度不宜大于母材标准规定的抗拉强度上限值加 $30N/mm^2$。

（6）异种钢材焊接时，原则上在钢管加工厂内焊接，按强度低的一侧钢板选择焊接材料，按强度高的一侧钢板选择焊接工艺。

（7）为尽量减少变形和收缩应力，在施焊前选定定位焊焊点和焊接顺序。应从构件受周围约束较大的部位开始焊接，向约束较小的部位推进。

（8）焊接前在焊缝两端设置的引弧板和断弧板上引弧和断弧，严禁在母材上引弧和断弧。定位焊的引弧和断弧应在坡口内进行。埋弧焊主焊板尺寸大于等于 $50mm \times 100mm$。拆除引弧、断弧板时不应伤及母材，引弧、断弧板不得用锤击落，应用氧-乙炔火焰或碳弧气刨切除，并用砂轮打磨成原坡口型式。

（9）每条焊缝一次连续焊完，当因故中断焊接时，应采取防裂措施。在重新焊接前，应将表面清理干净，确认无裂纹后，方可按原工艺继续施焊。

（10）焊接完毕，焊工应自检。自检合格后，在焊缝附近用钢印打上代号，做好记录。高强钢不打钢印，但需当场记录并由焊工签名。

（11）对于加劲环、止推环、阻水环与钢管管壁的全熔透的组合焊缝，除设计规定外，贴管壁侧允许角焊缝焊角为 1/4 环板高度，且不大于 9.0mm。加劲环焊前检查其与管壁组合间隙，不超过规范限值，以免焊接引起管壁局部变形。加劲环的对接焊缝应与钢管纵缝错开 200mm 以上。

（12）多层焊的层间接头应错开，焊条电弧焊、气体保护焊和自保护药芯焊丝焊接等的焊道接头应错开 25mm 以上，埋弧焊、熔焊及自动气体保护焊和自保护药芯焊丝自动焊应错开 100mm 以上。

（13）施焊时同一条焊缝的多名焊工应尽量保持速度一致。

（14）工卡具等临时构件与母材的连接焊缝距离正式焊缝 30mm 以上。

六、焊接质量控制及检测

1. 焊接质量控制

焊接过程中应安排专人进行焊接过程记录：电流、电压、线能量、焊接长度、焊接人员及焊接位置等相关信息，为后续质量追责提供可追溯性。焊接质量控制流程见图 6-12。

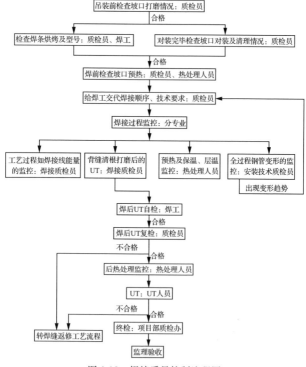

图 6-12 焊接质量控制流程图

2. 焊接检测

(1) 焊缝外观检测标准,见表 6-13。

表 6-13　　　　　焊缝外观检验标准表　　　　(单位:mm)

序号	项目		焊缝类别		
			一	二	三
			允许缺欠尺寸		
1	裂纹		不允许		
2	表面夹渣		不允许		深度不应大于 0.1δ,长度不应大于 0.3δ,且不应大于 10
3	咬边		深度不大于 0.5		深度不应大于 1
4	未焊满		不允许		不应大于 $0.2+0.02\delta$ 且不应大于 1,每 100 焊缝内欠总长不应大于 25
5	表面气孔		不允许		直径小于 1.5 的气孔每米范围内允许有 5 个,间距不应小于 20
6	焊瘤		不允许		—
7	飞溅		不允许		—
8	焊缝余高 Δh	手工焊	$\delta\leqslant25$　$\Delta h=0\sim2.5$ $25<\delta\leqslant50$　$\Delta h=0\sim3$ $\delta>50$　$\Delta h=0\sim4$		—
		自动焊	$0\sim4$		
9	对接接头焊缝宽度	手工焊	盖过每边坡口宽度 $1\sim2.5$,且平缓过渡		
		自动焊	盖过每边坡口宽度 $2\sim7$,且平缓过渡		
10	角焊缝焊脚 K		$K\leqslant12$ 时,K^{+2}_{-1},$K>12$ 时,K^{+3}_{-1}		

注:1. δ 是钢板厚度代号;

2. 手工焊是指焊条电弧焊、CO_2 半自动气保焊、自保护药芯、半自动焊以及手工 TIG 等;自动焊是指埋弧自动焊、MAG 自动焊、MIG 自动焊和自保护药芯自动焊等。

(2) 焊缝内部检测数量。焊接接头内部无损检测长度占焊缝全长的百分比不应少于表 6-14 的规定。

表 6-14 焊接接头内部无损检测比例

序号	钢种	脉冲反射法超声检测(UT)或相控阵超声检测(PA-UT)		衍射时差法超声检测(TOFD)或射线检测(RT)	
		一类焊缝	二类焊缝	一类焊缝	二类焊缝
1	低碳钢和低合金钢	100%	50%	25%	10%
2	高强钢不锈钢不锈钢复合钢板	100%	100%	40%	20%

注：抽检时，应选择 T 字对接焊缝等易产生焊接缺欠的部位进行,每条焊缝抽检部位不少于 2 处,相邻抽检部位的间距不小于 300mm。

（3）焊缝检测方法。焊接接头内部质量检测选用超声波（UT）检测或射线检测（RT）；焊接接头表面质量检测选用磁粉检测（MT）或渗透检测（PT），铁磁性材料应优选磁粉检测（MT）。当其中一种无损检测方法检测有疑问时，应采用另一种无损检测方法复查。超声检测包括脉冲反射法超声检测（UT）、相控阵超声检测（PA-UT）和衍射时差法超声检测（TOFD）。T 型 77 接头或空间狭窄处可采用相控阵超声检测（PA-UT）。

（4）焊缝检测要求。

1）对有延迟裂纹倾向的钢材或焊缝，无损检测应在焊接完成 24h 以后进行。抗拉强度（Rm）大于或等于 800N/mm^2 的高强钢，无损检测应在焊接完成 48h 后进行。

2）无损检测应符合下列规定：焊接接头局部无损检测当发现有不允许缺欠时，应在缺欠的延伸方向或在可疑部位做补充无损检测，补充检测的长度不小于 250mm。当经补充无损检测仍发现有不允许缺欠时，则应对该焊工在这条焊接接头上所施焊的焊接部位或整条焊接接头进行 100% 无损检测。焊接接头缺欠返工后应按原无损检测工艺进行复检，复检范围应向返工部位两端各延长至少 50mm。

七、焊接缺陷处理

1. 返修工艺流程

返修工艺流程见图 6-13。

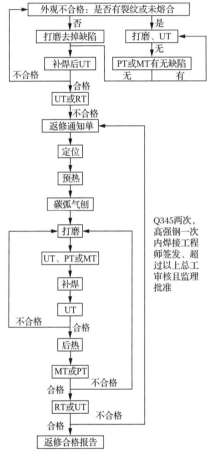

图 6-13　返修工艺流程图

2. 外观缺陷返修

焊缝的外观检查发现有裂纹、未熔合等表面缺陷时,必须用角磨机将缺陷磨掉,经 MT 或 PT 检查无缺陷后,再对缺陷处进行表面修补,修补的焊接工艺与正式焊缝的焊接工艺相同。

3. 内部缺陷返修

焊缝内部质量发现有超标缺陷时,严格按已制定的焊接工艺进行,同一部位返修次数:低碳钢、低合金钢和不锈钢、钢材不宜超过2次;高强钢不宜超过1次。若超过上述规定,应找出原因,制订可靠的技术措施,且必须经技术总负责人批准,并征得监理工程师同意后方可进行,且将返修的部位记入技术档案。

4. 返修工艺

采用碳弧气刨进行刨削,清除缺陷。刨U型坡口,清理坡口及两侧,清除坡口内的渍碳层使其露出金属光泽。如缺陷性质属裂纹或未熔合,则需经PT或MT检查完全清除缺陷后方可施焊。施焊过程中同样需按评定进行预热及焊后消氢处理。

八、焊缝验收

焊接完成,返修探伤合格后做好检查验收记录。检验表见表6-15。

表6-15　压力钢管制作一、二类焊缝内部质量、表面清除及局部凹坑焊补施工检验表

单位工程名称		单元工程量	
分部工程名称		施工单位	
单元工程名称、部位及编码		材质	
管节号			
项次	项目	质量标准	检验结果
1	一、二类焊缝TOFD探伤	按《水利水电工程金属结构及设备焊接接头衍射时差法超声检测》(DL/T 330—2010)透照、评定,将发现的缺陷修补完,修补不宜超过2次(高强钢只允许一次)	
2	一、二类焊缝超声波探伤	按《水电水利工程压力钢管制作安装及验收规范》(GB 50766—2012)和设计规定的数量和质量标准透照、评定,将发现的缺陷修补完,修补不宜超过2次(高强钢只允许1次)	

项次	项目	质量标准	检验结果
3	一、二类焊缝探伤检查结果后发现存在的缺陷部位采用磁粉或渗透探伤	按 GB 50766—2012 和设计规定的数量和质量标准透照、评定,将发现的缺陷修补完,修补不宜超过 2 次(高强钢只允许 1 次)	
4	埋管内、外壁的表面清除	外壁上临时支撑割除和焊疤清除干净	
5	埋管内、外壁局部凹坑焊补	凡凹坑深度大于板厚 10% 或大于 2mm 应焊补	

施工单位	初检: 年 月 日	监理单位	验收意见:
	复检: 年 月 日		
	终检: 年 月 日		年 月 日

第七节 防 腐 蚀

一、工艺流程

按照设计图纸要求,结合相应规范标准编制合理的工艺流程,见图 6-14。

二、制作防腐

1. 表面预处理

(1)表面预处理前,钢材表面焊渣、毛刺、油污、水分等污物应清除干净。

(2)表面预处理采用无尘、洁净、干燥、有棱角的铁砂喷射处理钢板表面。喷射用的压缩空气应经油水分离器处理,除去油、水。

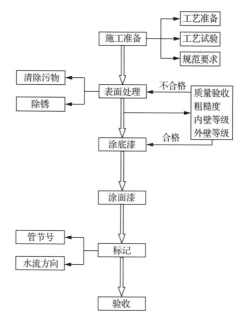

图 6-14　防腐工艺流程图

（3）表面预处理质量应符合施工图纸的规定。钢管内壁除锈等级应达到 GB/T 8923.1—2011 中规定的 Sa2.5 级；埋管外壁应达到 Sa2 级。

（4）预处理后，表面粗糙度应达到：钢管内壁：$Ra60\sim100\mu m$；钢管外壁：$Ra40\sim70\mu m$。

（5）涂装作业必须确保结构完好，严禁碰撞、锤击，不得在钢管管壁上搭焊脚手架。

（6）表面必须除去全部氧化皮呈现金属本色（应用照片目视比较评定）；表面需无锈蚀产物及氧化物；涂装前发现钢板表面污染或返锈，应重新处理到原除锈等级；除锈后应用干燥的压缩空气吹净。

（7）当空气相对湿度超过 85％，环境气温低于 5℃和钢板表面温度预计低于大气露点以上 3℃时不得除锈。

2. 涂料涂装

（1）安装环缝坡口两侧各 200mm 范围内，在表面预处理后应立即涂刷底漆，干漆膜厚度 100μm。环缝焊接后应进行二次除锈，再用人工涂刷或小型高压喷漆机械施喷涂料，管节内支撑拆除后也应补涂。

（2）施涂前，应根据施工图纸的要求及涂料生产厂的规定进行工艺试验。试验过程中应有生产制造厂的人员负责指导。

（3）厂内组焊后的管节及附件，在厂内防腐车间内完成涂装；现场安装焊缝及表面涂装损坏部位在现场进行涂装。安装环缝两侧各 200mm 范围内，在车间内进行表面预处理后，应涂刷不会影响焊接质量的车间底漆，环缝焊接后进行二次除锈，再用人工涂刷或小型高压喷漆机械施喷涂料。

（4）清理后的钢材表面在潮湿气候条件下，涂料应在 4h 内涂装完成，在晴天和正常大气条件下，涂料涂装时间最长不应超过 12h。

（5）涂装材料的使用应按施工图纸及油漆制造厂的说明书进行。涂装材料品种以及层数、厚度、间隔时间、调配方法等均应严格执行。

（6）当空气中相对湿度超过 85％，钢板表面温度预计低于大气露点以上 3℃时或高于 60℃以及环境温度低于 10℃时，不得进行涂装。

（7）涂装后进行外观检查，涂层表面应光滑、颜色均匀一致，无皱皮、起泡、流挂、针孔、裂纹、漏涂等缺欠。水泥浆层数、厚度应基本一致，黏结牢固，不起粉状。

（8）涂层厚度用测厚仪测定，涂层厚度应满足两个 85％，即 85％的测点厚度应达设计要求；达不到厚度的测点，其最小厚度值应不低于设计厚度的 85％。涂膜厚度不足或有针孔，返工固化后再复检。

（9）涂膜附着力应达到设计要求，埋管外壁均匀涂刷一层黏结牢固、不起粉尘的水泥浆，涂后注意养护。

（10）防腐验收合格后，在钢管显著位置标注管节标号及水流方向后方可出厂。

三、质量检查及验收

防腐工序完成后,按照设计图纸及规范、标准要求进行漆膜检查,主要包括:除锈等级、漆膜外观、漆膜厚度、附着力等项目,并做好检查验收记录,见表6-16。

表6-16　　　压力钢管制作防腐质量施工检验表

单位工程名称			单元工程量		
分部工程名称			施工单位		
单元工程名称、部位及编码			涂料名称		
管节号					
项次	项目	质量标准		实测值	检验结果
1	钢管内壁防腐表面处理	表面粗糙度达到 Sa2.5 级,$Ra100\sim120\mu m$			
2	钢管内壁涂料涂装	干漆膜厚度应不小于 $500\mu m$			
3	钢管外壁防腐表面处理	外壁除锈等级 Sa2.5 级,$Ra60\sim100\mu m$			
4	钢管外壁涂料涂装	干漆膜厚度应不小于 $500\mu m$			
5	涂装外观质量	表面光滑、颜色一致,无流挂、皱皮、针孔、裂纹、鼓泡等缺陷;涂层厚度基本一致、黏结牢固、不起粉状			
6	附着力检查	使用硬质刀具在涂层上划一个夹角60°的切口进行抽查,应划透涂层直达基材,用胶带粘贴划口部分,撕掉胶带后观察划痕处,涂层应无脱落			
施工单位	初检:　　年　月　日		监理单位	验收意见	
	复检:　　年　月　日				
	终检:　　年　月　日			年　　月　　日	

第七章

水利水电压力钢管安装

第一节　压力钢管安装基本知识

一、总体介绍

随着水利水电建设的发展,水利水电装机容量日趋增加、单机容量加大,水电站压力钢管安装面临大直径、厚板、高强钢材质要求的越来越普遍,压力钢管安装技术难度越来越大,几年来,出现了许多先进的安装工艺和技术,需要我们在施工中学习和借鉴,并在施工中不断总结完善,为我国水利水电压力钢管施工探索出新的技术方法。

水电站压力钢管主要分布在引水系统、钢岔管、尾水系统以及机组蜗壳段、水轮机肘管段,在部分机组水机管路安装中,也涉及部分直径较小压力钢管,随着材料技术的不断发展,压力钢管材质已经从初期的 Q235、Q345 级别低合金钢发展到 600MPa 级甚至 800MPa 级高强钢。

水电站压力钢管安装主要分为明管安装和埋管安装,埋管安装又分为坝内埋管和洞内埋管,鉴于埋管安装受地质条件以及运输吊装设备限制,安装技术难度较明管更大,近年来,随着抽水蓄能电站建设高峰,压力钢管安装工程发展迅速。这里,以抽水蓄能电站压力钢管安装为例,介绍国内常用水电站压力钢管安装技术。

二、压力钢管安装难度

我国目前洞内埋管施工主要面临以下技术难度:

(1) 施工地点条件复杂;

(2) 压力钢管直径大、洞内安装技术难度高;

（3）洞内运输、吊装困难，安全风险大。

三、压力钢管安装内容划分

（1）按照洞内压力钢管施工部位可以分为水平段压力钢管安装、竖井段压力钢管安装、斜井段压力钢管安装；

（2）按照压力钢管布置形式可以分为直管段压力钢管安装、渐变段钢管安装、弯管段压力钢管安装、钢盆管安装；

（3）洞内埋管安装工艺主要包括钢管运输、吊装、洞内拼装、焊接、防腐、回填、灌浆、水压试验等；

（4）按照材质分为 Q235 系列结构钢材质压力钢管安装、Q345 低合金结构钢材质安装、600MPa 高强钢材质安装、800MPa 高强钢材质等安装；

（5）按照钢管施工工序可分为定位节压力钢管安装、中间节钢管安装、凑合节压力钢管安装。

第二节　压力钢管安装主要设备介绍

压力钢管安装主要设备有运输设备、洞内卸车翻身起吊设备、现场拼装调整设备、现场焊接设备、现场质量检查设备、测量设备、洞内水压试验设备、防腐设备、混凝土回填施工设备、灌浆设备等，以下分别介绍说明。

一、运输设备

压力钢管运输设备主要包括公路运输设备、洞内运输设备，其中公路运输最主要是从制造厂家或现场临时钢管加工厂到施工洞口或洞内卸车位置为止的运输；洞内运输主要是从洞内卸车部位直到现场安装部位的运输。

1. 公路运输设备

主要设备为平板运输拖车、载重车、拖挂车等，主要根据钢管重量、直径及路况进行选择，原则上要确保运输的安全，兼顾运输经济成本。

2. 洞内运输设备

洞内运输设备主要为洞内运输台车、矿山拖车、运输拖车、固定卷扬机等，一般运输台车需要根据运输直径和重量进行专门设计,固定卷扬机主要用于压力钢管洞内运输牵引以及安装时吊装设备。

二、起吊设备

压力钢管安装的起吊设备主要包括装卸车设备、洞内卸车翻身设备、洞内拼装安装设备等。

1. 装卸车设备

装卸车设备主要有钢管加工厂布置的移动式门机、汽车吊等大型起吊设备。

2. 洞内设备

洞内卸车设备主要有天锚、洞内简易门机、龙门架、安装用固定卷扬机、载人用固定卷扬机、电动葫芦、滑车组等。

三、拼装调整设备

压力钢管安装现场拼装的主要设备有电动葫芦、手动葫芦、液压千斤顶、机械千斤顶、焊缝压码、楔子板、压缝台车等。

四、焊接设备

洞内压力钢管焊接设备主要有电焊机、空压机、焊钳、气刨枪、电加热板等。

五、质量检查设备

压力钢管安装质量检验设备主要有无损探伤设备(超声波探伤仪、TOFD探伤仪、射线检测仪、MT检测仪、PT检测设备等)、防腐检测设备(干湿温度计、粗糙度仪、湿膜测厚仪、干膜测厚仪、针孔检测仪、附着力仪)、焊缝外观检测设备(焊缝规、钢板尺)、压力钢管尺寸检查设备(钢卷尺、千分尺、钢板尺)等。

六、测量设备

压力钢管测量设备主要有全站仪、经纬仪、水准仪、钢丝线等。

七、水压试验设备

钢岔管水压试验设备主要有打压泵、截止阀、球阀、三通以及水压试验管路等。另外还有应力测试设备、声发射检测设备、变形检测设备、残余应力测试设备等。

八、防腐设备

防腐施工主要设备有空气压缩机、喷砂机、油水分离器、喷砂枪、高压无气喷涂机、搅拌机、除尘机等。

九、混凝土回填设备

包括运输设备主要有混凝土搅拌车、载重汽车，混凝土入仓设备主要有混凝土泵、MY-BOX管、振捣器、软轴振捣棒、混凝土吊罐等。

十、灌浆设备

钻孔主要设备有风钻、地质钻机、轨道式凿岩机、轻型潜孔钻机等，灌浆主要设备有砂浆泵、高速搅拌机、搅拌槽、测斜仪、化灌泵等。

第三节 压力钢管安装工艺流程

一、安装工艺流程

水利水电压力钢管安装，无论明管还是埋管，安装工艺大同小异，主要区别在运输和吊装手段上。埋管由于受环境影响较大，对拼装和焊接的质量控制要更加严格，本安装工艺以洞内埋管为例，主要工艺流程如图7-1所示。

二、安装前施工准备

1. 施工技术准备

（1）资料员收到施工图纸后，对照图纸目录清点份数并整理，然后登记。按照项目总工程师或项目技术负责人批准的范围和份数分发，接收人签字。

（2）项目总工程师安排有关人员进行图纸审核，各专业技术人员在图纸审核中提出的各类问题，由项目总工程师负责协调解决，内部不能解决的，可以要求监理工程师、业主召开协调会，并形成会议纪要。

（3）项目总工程师组织专业技术人员编制工艺文件，包括项目质量计划、施工组织设计、施工技术措施、安全技术措施等，按程序报送批准。

（4）项目总工程师或项目技术负责人组织专业技术人

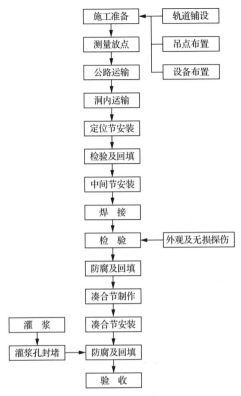

图 7-1 水利水电压力钢管安装工艺流程

员召集全体作业人员开会进行安全技术交底,使作业人员熟悉设备安装方法、特点、设计意图、技术要求及施工措施,做到心中有数,科学施工。

2. 施工设施准备

(1)引水隧洞开挖已结束,隧洞断面满足设计要求,且喷锚支护工作结束。

(2)测量放点完成,根据设计蓝图,由测量队放出有关三角网点、水准网点和钢管安装及安装后检查基准点线,各控制点应埋设在相对固定的位置。

(3)运输轨道满足运输需求。根据安装单位提出的布置要求,土建单位完成施工支洞与主洞交叉处起吊门字架、导向地锚、卷扬机室、变压器等处场地扩挖施工,地基混凝土浇筑、排水、排烟、除湿等设施具备钢管焊接条件。

(4) 洞内运输用的卷扬机已安装就位,各吊点(环)、起吊设备、滑轮(滑轮组)等已安装准备完成并安全验收合格。

(5) 钢管安装采用分段安装、分段回填混凝土循环施工方法。循环长度控制在 12m,回填混凝土时在钢管端部预留 1.0m 不回填,以便后续钢管环缝对接。

3. 设备接货清点、交接验收

(1) 瓦片或管节及附件接货验收:

1) 质检人员、作业人员会同监理工程师进行压力钢管接货验收,同时做好验收记录。

2) 检查每批到达现场的瓦片管节及附件的检验记录,收集整理备查。

3) 瓦片管节及附件应有防腐蚀措施;对于刚度小的瓦片或管节还应有加固措施。

4) 瓦片几何尺寸应符合 GB 50766—2012 中表 3.1.8-1 要求;管节几何尺寸应符合第 3.1.14 条、3.1.15 条要求;岔管和伸缩节几何尺寸应符合第 3.2 节和第 3.3 节的要求。

5) 伸缩节、滚轮等附件应有妥善保护。

(2) 装箱零部件开箱、清点验收:

1) 质检人员、作业人员会同监理工程师、业主及厂家代表对装箱的零部件进行开箱、清点验收,并做好验收记录。

2) 包装运抵现场的附件,检查包装物是否完整无损,是否与随箱附的装箱清单内容一致。

3) 观察所有附件是否有锈蚀及机械损伤,清点所有附件是否齐全。

第四节　压力钢管运输施工

一、压力钢管公路运输

压力钢管公路运输根据钢管直径和重量,综合考虑运输道路确定,一般是指钢管制作厂到洞口卸车部位的运输,对于直径及重量较小的钢管可以在专门工厂委托制作加工,再运输到现场;对于大型水电站,压力钢管制作安装工程量大,基本上都在几千吨甚至一两万吨,一般在安装现场附近临时建厂,进行制作加工。

压力钢管运输按照钢管在运输车上状态,分垂直运输和水平运输两种,垂直运输是钢管轴线垂直于地面,水平运输是钢管轴线平行于地面,对于大型压力钢管(直径大于4m以上的钢管),公路运输一般采用垂直运输方式,见图7-2,主要考虑运输安全,降低重心高度;对于直径较小的钢管一般采用水平运输(安装状态),见图7-3,避免钢管在洞内翻身,提高安装效率。

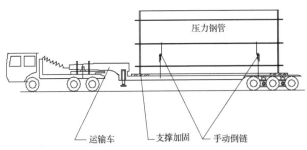

图 7-2　压力钢管水平运输示意图

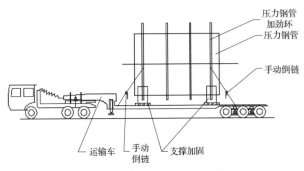

图 7-3　压力钢管垂直运输示意图

二、压力钢管洞内运输

对于大型压力钢管施工,压力钢管洞内运输还包括洞口的卸车,翻身以及转运到运输台车上,以及洞内运输到安装部位等工序过程。

1. 洞口卸车翻身

由于上平段钢管安装状态为管轴线与地面平行,钢管厂装车时管轴线与地面垂直,因此管节运输到施工支洞口需要进行卸车翻身,如图 7-4 所示。

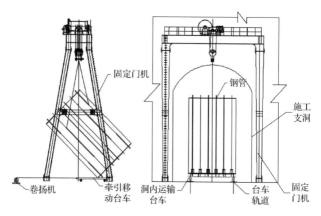

图 7-4　洞口翻身工序示意图

卸车翻身工序:

步骤 1:运输拖车施工支洞交叉处倒车进入门机翻身部位;

步骤 2:利用门机大勾卸车,运输拖车退出,移动台车就位;

步骤 3:门机起吊钢管翻身,翻身利用门机主吊钩吊起钢管,利用钢管底部制造的简易移动台车进行重心移动,辅助进行翻身;

步骤 4:翻身完成后,移动台车退出;

步骤 5:翻身后的钢管还需要旋转 90°,钢管轴线与水流方向垂直;

步骤6：吊装钢管到洞内运输台车上进行固定，至此洞口卸车翻身工艺完成。

2. 洞内钢管运输

压力钢管洞内运输主要包括水平段运输、斜坡段运输、竖井段运输以及弯管段运输等，如果钢管直径较小，在水平段可以采用拖车直接运输到位，但是往往洞内运输道路复杂、转弯半径小，所以常用运输方式为洞内运输台车，牵引方式采用卷扬机、滑轮组进行。

（1）运输台车设计。洞内运输台车是钢管运输的主要设备，运输台车的设计也是钢管能否顺利安全施工的前提，因此，台车设计要根据不同施工部位、不同道路、不同钢管直径、重量进行差异化设计，满足工效、质量、安全、经济等综合要求，以下介绍几种常用运输台车。

1）大型压力钢管运输台车。对于大直径、重量大的压力钢管运输，见图7-5，台车需要具备以下功能：①首先考虑结构强度、刚度和稳定性，保证运输安全性；②由于洞内有弯段运输，台车轮子需要转向功能；③有斜坡段运输，需要考虑钢管在台车上的防倾翻装置。

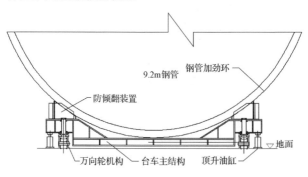

图 7-5　大型压力钢管洞内运输台车结构简图

2）小直径压力钢管运输台车。对于较小直径压力钢管运输，由于钢管直径小、重量轻、管节多，台车简图如图7-6所示。

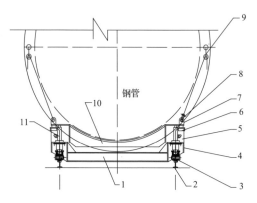

图 7-6 小直径压力钢管洞内运输台车结构简图

1—台车支架；2—轨道；3—万向轮；4—万向轮固定支架；

5—支撑底座；6—活动调节支撑块；7—吊耳；8—卡环；

9—倒链；10—钢管调整支撑架；11—千斤顶

（2）洞内运输牵引布置。洞内牵引主要根据施工道路进行布置，轨道布置要随施工支洞、施工主洞中心线进行沿途安装，测量先进行放点，根据测量点进行左右分中布置，特别是施工安装部位的轨道要相对布置准确，与设计钢管理论中心线左右偏差不超过 20～30mm，可以减少后续安装中的调整工程量，钢管运输在台车上的实际中心高程要比设计高程低约 50mm 左右，便于安装时调整。

图 7-7 为某抽水蓄能电站引水系统轨道布置简图，轨道铺设沿引水支洞、主洞进行，在转弯段随硐室开挖尺寸走，在两个引水交叉口布置活动轨道，便于顶升转向，在土建开挖初期进行卷扬机硐室设计，便于后期牵引施工，牵引导向轮布置在合适位置，如果运输重量大，需要布置专门的地锚，地锚数量以及埋设深度根据牵引力计算确定。

3. 洞内钢管运输顶升转向

在洞内运输钢管时，经常会遇到交叉口，由于开挖尺寸和地下围岩结构限制，不能布置成圆弧过渡断面，无法直接牵引通过。这时钢管在运输时，就需要进行顶升转向施工，

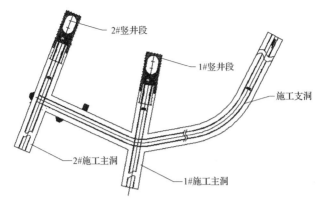

图 7-7　某抽水蓄能电站引水系统轨道布置简图

由施工支洞运输转换到施工主洞内运输,具体顶升转向工艺如下:

步骤 1:利用卷扬机将台车运输到施工支洞与施工主洞交叉口停稳;

步骤 2:利用布置在台车主梁上的 4 个机械千斤顶分别顶升台车,使车轮高于轨道面 20~30mm;

步骤 3:将台车上的万向轮转动 90°,对准施工主洞轨道;

步骤 4:降落千斤顶,台车整体降落,让台车万向轮轮子在施工主洞的轨道上支撑,撤离千斤顶,安装好活动轨道,利用布置施工主洞内的卷扬机牵引台车到安装部位。

第五节　压力钢管安装洞内吊装

一、压力钢管洞内吊装简介

压力钢管洞内吊装主要设备有洞内布置天锚、竖井门机、洞内简易龙门架以及汽车吊,也可以利用厂房桥机、尾水闸门井桥机安装尾水肘管和尾水管。具体选择要根据洞内情况和运输钢管直径和重量确定,但是对于围岩结构较好的场合,选择安装天锚的方式较为简单、经济;当地质条件较差,无法布置天锚时,可以选择安装临时龙门架以及汽车吊的方案;下面对几种常用洞内吊装方法进行简要介绍。

二、压力钢管洞内吊装方法简介

1. 天锚配合台车吊装翻身方法

在洞内交叉口处,经常会遇到钢管卸车翻身的场合,一般采用在交叉口处布置天锚的方式,天锚布置主要考虑吊装和翻身的安全以及卸车和翻身的便利,锚杆布置数量以及深度需要根据吊装钢管重量进行计算校核,本例为将轴线垂直的钢管吊装翻身为轴线水平状态的例子,主要工序如图 7-8 所示。

2. 双天锚吊装翻身方法

在洞内还可以利用双天锚进行钢管翻身,将轴线水平布置的钢管翻身为轴线垂直的状态,主要施工工序见图 7-9。

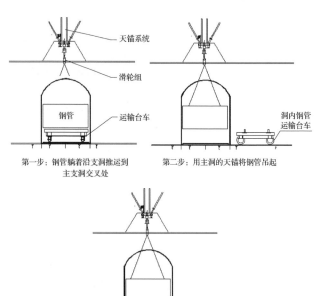

第一步:钢管躺着沿支洞推运到
主支洞交叉处

第二步:用主洞的天锚将钢管吊起

第三步:主洞内运输台车开到吊起的钢管下面

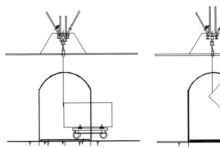

第四步：利用天锚和台车联合翻身

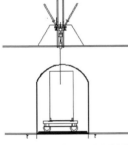

第五步：翻身完毕后利用台车将钢管
水平运输就位

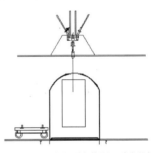

第六步：翻身完毕后，将钢管吊起、台车退出

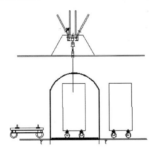

第七步：钢管底部更换成可拆卸滚轮，利用洞内安装的卷扬机系统
将钢管牵引到安装部位

图 7-8 天锚吊装翻身洞内压力钢管方法简图

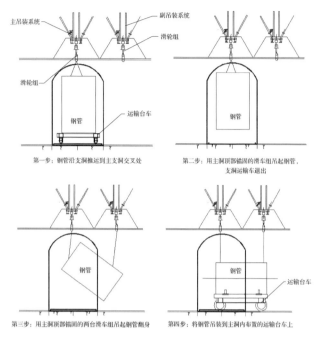

第一步：钢管沿支洞推运到主支洞交叉处

第二步：用主洞顶部锚固的滑车组吊起钢管，支洞运输车退出

第三步：用主洞顶部锚固的两台滑车组吊起钢管翻身

第四步：将钢管吊装到主洞内布置的运输台车上

图 7-9　双天锚吊装翻身洞内压力钢管方法简图

3. 洞内简易门机吊装翻身方法

在竖井施工中，或者大直径、重量重的压力钢管安装，天锚吊装就受到局限，这时可以利用安装简易移动门机进行吊装施工，移动门机在正式使用前，需要进行载荷试验，验证门机主要结构以及受力部件的强度和刚度，由于竖井段均较高，安全风险大，一般需要专门设计并由有资质厂家进行制作，安全系数高。施工工序见图 7-10。

4. 洞内简易龙门架吊装翻身方法

在洞内地质围岩结构条件较差的情况下，或者天锚无法布置时，需要利用简易龙门架进行翻身吊装，为节省材料和施工空间，一般将龙门架布置在施工支洞与第一个施工主洞的交叉口，如图 7-11 所示，在交叉口卸车翻身后，再利用运输台车进行后续安装施工。

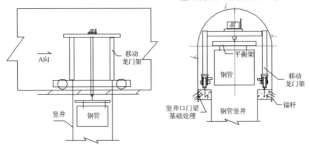

图 7-10　简易门机吊装翻身竖井段钢管方法简图

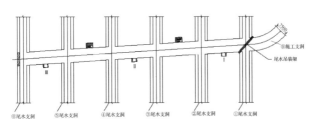

图 7-11　简易龙门架在尾水系统钢管卸车翻身方法简图

第六节　压力钢管定位节安装

一、压力钢管定位节安装简介

洞内每条施工支洞和主洞内均布置有定位节,定位节的安装是整条洞内压力钢管安装的基础,要引起高度重视,一般为压力钢管起始端和末端管节。在特殊情况下,定位节为洞内某些中间管节,如尾水段钢管安装中,与尾水闸门井部位连接的天圆地方钢管,由于安装位置受限,需要提前进行安装,天圆地方与闸门连接的首节钢管也可以称为定位节,如图 7-12 所示。

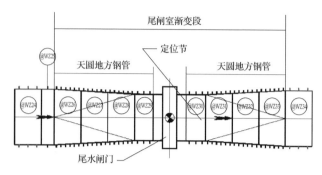

图 7-12　尾水系统定位节示意图

二、压力钢管定位节安装工艺

（1）测量放点，根据设计理论在现场放出里程、桩号、高程，并在洞内钢拱架上做好标识，标识要用油漆标示清楚，不得在钢管安装中破坏；

（2）定位节钢管运输前，为防止运输和吊装变形，在钢管内进行支撑加固，支撑加固一般采用米字支撑形式，型钢大小根据钢管直径和壁厚进行计算确定；

（3）运输钢管定位节，到位后利用千斤顶和拉紧器进行调整；

（4）调整完成后，再进行测量，校核各部位安装尺寸；

（5）测量合格后，进行定位节加固，加固方式见图 7-13。定位节加固应对称进行，防止变形，加固后进行复测。

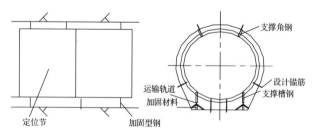

图 7-13　定位节安装加固示意图

三、压力钢管定位节安装检查验收

定位节安装完成后,利用全站仪进行测量验证,也可以根据提前测量放置的点利用钢丝线进行测量,测量在管口上下左右四点,每端管口最少测量两对直径,按照 GB 50766—2012 中第 4.2.3 的规定,尺寸偏差见表 7-1。

表 7-1　　　　　定位节安装尺寸偏差表　　　（单位:mm）

中心偏差	里程偏差	垂直度偏差	圆度偏差
5	±5	±3	5D/1000 且≤40

四、压力钢管定位节回填浇筑

定位节的回填浇筑采用搅拌运输车运至施工部位后,再由混凝土泵引泵管自顶拱引入仓内,在顶拱泵管末端分别向钢管两侧引软管进行分料浇筑。

浇筑底部混凝土时,混凝土先通过泵管末端的软管向一侧分料浇筑,待混凝土上升至钢管底部后,再由顶拱向两侧同步分料浇筑,保证钢管两侧混凝土同步均匀上升,同时控制两侧混凝土高差不大于 50cm,以避免引起钢管单侧压力过大导致位移。混凝土下料时,在仓内人工拖动泵管末端的橡胶软管对下料点进行调整,以避免出现下料集中。混凝土浇筑时,注意控制浇筑上升速度,避免堵头模板压力过大产生变形,一般浇筑上升速度控制在 50cm/h 左右。混凝土采用平铺法进行浇筑,浇筑坯层厚度为 50cm。

浇筑顶拱混凝土时,进料由里向外(即向端头模板)进行,并且通过堵头模板上开设的监视窗口实时监视混凝土的入仓情况,既要保证最大限度的浇满仓号,又要防止"爆仓"。拱顶部位如有较大深度的超挖,在此处及其他部位预埋通气管及检查管,以保证能最大限度的浇满仓号。

浇筑注意事项:

(1)在混凝土浇筑过程中加强钢管的变形及位移观测,防止钢管发生上浮及侧移,并随时注意堵头模板的情况,对模板与岩面间出现的砂浆漏失及时封堵,以保证施工质量。

(2)为确保定位节后续浇筑方便,定位节安装完成后,可以安装 1～2 节钢管,第一仓浇筑,长度为 6～9m。

(3) 合格后进行混凝土浇筑,浇筑时控制浇筑速度,并且应对称下料。应有专人进行监控,发现有变形时立刻停止浇筑,并进行处理,同时调整浇筑方法。

第七节　压力钢管中间节钢管安装

一、压力钢管中间节安装简介

在定位节混凝土强度达到 75% 以上时,开始中间节的安装,由于中间节安装工程量较大,需要有成熟的安装工艺,以达到提高工效的目的。

二、压力钢管中间节安装工艺

本例介绍最常见的水平段压力钢管中间节安装工艺,见图 7-14。

三、压力钢管中间节内支撑加固

为保证钢管在运输和安装过程中不产生变形,采取和定位节相同的米字撑内加固形式,米字撑采用钢管、千斤顶和加工螺杆制作,见图 7-15。米字撑在钢管安装中有两个作用:①使钢管圆度达到标准要求;②在中间节的对接中起到环缝错台调整作用。

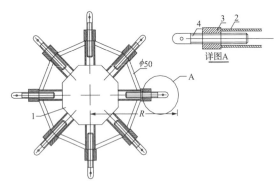

图 7-15　中间节钢管安装内支撑加固简图

1—钢板(δ10mm);2—钢管(ϕ89mm);3—丝母(M70);4—丝杠(M70)

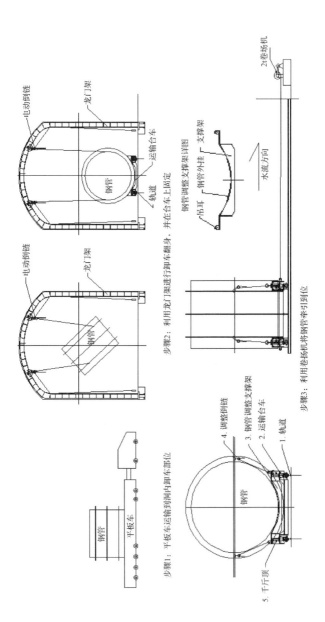

步骤1：平板车运输到洞内调车部位

步骤2：利用龙门架进行卸车翻身，并在台车上固定

步骤3：利用卷扬机将钢管牵引到位

钢管调整支撑架详图

1. 轨道
2. 运输台车
3. 钢管调整支撑架
4. 调整倒链
5. 千斤顶

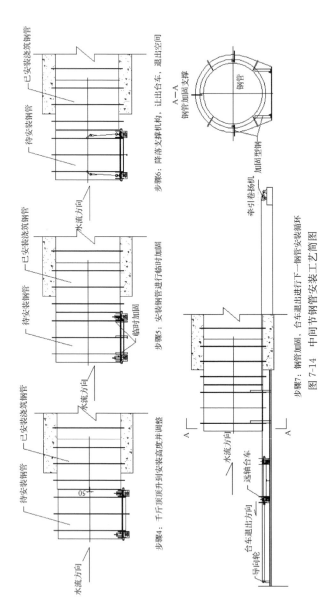

图 7-14 中间节钢管安装工艺简图

为便于钢管在洞内的对接，当安装节通过轨道车运输到安装部位对接时，安装节倾斜一定角度，使钢管的顶部上缘先接触到已安装节，便于定位和轨道车撤离，见图 7-16。

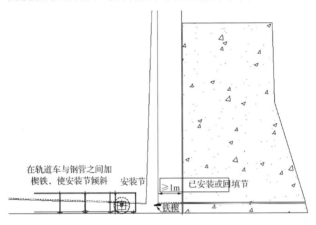

图 7-16　钢管洞内对接简图

四、压力钢管中间节安装检查验收

　　以直径 7m 钢管为例，安装中心极限偏差应满足表 7-2 要求，中间节安装极限偏差应满足表 7-3 要求。

表 7-2　　　　　钢管安装中心极限偏差　　　　（单位：mm）

始装节管口中心的极限偏差	与伸缩节连接的管节及弯管起点的管口中心极限偏差	其他部位管节的管口中心偏差
5	12	25

表 7-3　　　　　中间节安装的极限偏差　　　　（单位：mm）

中心偏差	圆度偏差	垂直度偏差	错边量	间隙
25	35	±3	3	0～3

第八节　压力钢管弯管段及渐变段的安装

一、弯管段与渐变段安装简述

　　在洞内压力钢管安装施工中，引水部位岔管常见为一洞两机或者一洞三机分布,常会遇到一些特殊管节安装,如弯管段和渐变段,弯管段和渐变段主要是由于输水管路地质原因或者岔管后面的主管段和支管段连接段,还有尾水系统岔管段部位,均会存在弯管段和渐变段压力钢管。如图7-17所示,在大小岔管之间布置有大小岔连接段为弯管,在2♯小岔管与3♯引水支管之间布置有弯管段;在1♯大岔管与1♯引水支管之间布置有渐变段管。

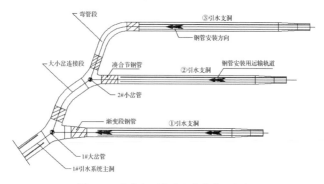

图 7-17   弯管段及渐变段安装布置实例

二、弯管段与渐变段安装工艺

弯管段及渐变段压力钢管安装工艺与直管段基本相同,但是也有差异,主要是运输过程差异以及安装调整测量的差异。

1. 弯管段安装工艺

(1)在运输时要提前测量好弯段硐室尺寸,将多余钢筋以及障碍物清除,为安装做好准备;

(2)弯管段运输台车底部行走机构为万向轮结构,便于转向,车轮轮宽要比轨道宽一倍以上,防止运输中与轨道发生碰撞卡死;

(3)在弯管段起始端安装要求高,安装后测量严格控制弯管段起始位置中心点,为确保起始位置准确,弯段第一节可以看作是工艺节,一般要比设计理论长100~150mm,预留切割量;

（4）根据测量画线，修割起始端钢管达到设计偏差，为后续钢管安装打下良好基础；

（5）安装后续弯管段，由于弯管段安装有累计误差，最好在安装一节后进行全站仪测量，确保安装精度；

（6）在安装完成一半以后，后续钢管可以先运输到位并进行临时拼装，可以点焊定位，先不要进行焊接，整体安装完成并校核安装尺寸，主要是弯管段出口钢管管口空间尺寸，合格后再进行后续焊接施工，如果发现误差，可以在每节钢管进行调整间隙（在规范允许的范围内），确保弯段最后一节与直管段的误差。

2. 渐变段安装工艺

渐变段钢管安装与直管段基本相同，需要注意以下一些事项：

（1）渐变段安装要每节进行测量控制，防止安装偏差；

（2）渐变段在运输安装前要注意钢管标示的水流方向，由于直径误差较小，肉眼很容易混淆，保险起见，需要对钢管大小头进行现场确认；

（3）对于壁厚不同的渐变管，在拼装时沿外壁方向要进行缓坡过渡处理；

（4）有些不对称渐变管的安装，难度更大，技术要求更高，在拼装时严格按照在制作时标示的上下左右中心线进行拼装压缝；

（5）钢管切割宜采用全位置 3D 半自动切割机，确保坡口尺寸及角度的准确性。

第九节　压力钢管凑合节的安装

一、凑合节安装简述

凑合节顾名思义就是在两段钢管安装完成后，在最后进行收口，也叫合拢段压力钢管。由于凑合节安装时两端已经浇筑并固定，钢管两端已经受到限制，因此安装及焊接应力最大，最容易出现应力集中，产生收缩变形，并且封闭环缝是在高约束状态下进行焊接，焊接控制难度大、焊接热输入范围窄、焊接工艺要求高，极易产生焊接裂纹，对后续管道运行造成危害。尤其凑合节如果是高强钢材质，由于高强钢焊接返修原则上只能返修一次，因此，凑合节的安装是整个压力钢管控制的重点和难点，要引起高度重视，并且在施工进度安排时要预留足够的时间，避免赶工造成质量隐患。

目前国内水电站以及抽水蓄能电站普遍采用的凑合节安装方法共有三种：①整体安装法；②瓦片分块法；③短套管连接法。三种方法各有优缺点，需要根据工程不同特点进行比较选择。

二、凑合节安装工艺

1. 整体安装法

整体安装法，就是钢管在加工厂提前制造好，整体运输进洞进行安装。整体安装法最大特点就是减少洞内拼装和焊接工程量，有利于减小现场焊接应力，但是对现场和他相连的钢管安装精度要求很高，否则将造成拼装误差甚至无法拼装的后果，整体式凑合节多数安装在控制里程的位置，如斜管由下向上安装上弯管时，和上弯管连接的凑合节就可以采用整体式，整体式凑合节和普通钢管一样，但是其长度要比设计值长 150～200mm，先制成成品管节，现场安装时再根据测量点量出实际需要长度，进行现场切割处理，这一节钢管管口的几何中心位置一定要严格控制，以免因误差大而影响下一节钢管的安装质量。

2. 瓦片分块法

瓦片分块法是最常用的凑合节安装方法，优点是现场拼装时调整余量大，对相连钢管安装精度要求相对较低，缺点是现场拼装焊接工作量大，最适合直径超过 6m 以上、整体运输安装有难度的压力钢管安装。

瓦片式安装工艺如下（以高强钢凑合节为例）：

（1）下料拼装。

1）将凑合节按照设计尺寸在钢管制作厂进行瓦片下料，一般根据钢管直径大小分为 3～4 块，下料前要按照规范

将纵缝和环缝错开;

2）进行瓦片卷制,瓦片宽度要比设计值大 150～200mm,所有瓦片整体周长要比设计值大 100mm 左右,卷制完成;

3）考虑洞内空间尺寸和凑合节体型尺寸、瓦片重量,为吊装方便,尽量将上部瓦片长度缩短,在钢管加工厂制作时要求单个瓦片加劲环可以定位焊临时焊接到钢管外壁,方便运输和加强瓦片强度;

4）有条件可以在钢管加工厂内进行试拼装,然后将瓦片进行编号;并且相邻两个瓦片纵缝处设置连接板,利用高强螺栓连接;

5）将瓦片进行防腐施工,焊接部位预留除锈涂刷坡口专用漆。

（2）凑合节运输。运输前利用高强螺栓把瓦片组装成成品管节运输进洞,洞内完成卸车、吊装、翻身后核对水流方向、上下左右中标示是否调整到位,有轨运到安装部位以后卸掉高强螺栓,将凑合节管节拆成瓦片存放。

（3）凑合节安装。

1）画线:待到两侧管节安装完成后,采用测绘法和实物法两种形式进行画线切割。

测绘法:利用全站仪或手工测量,测出上下游两侧管口之间的距离,把测量数据根据上下左右中的位置反射到瓦片上,再将各点位连接成线段。

实物法:将凑合节管口一侧与上游侧管口外壁贴紧压缝后用千斤顶打紧,调整下游侧管壁压缝,当内外壁合拢后在凑合节内壁利用划规沿下游侧管口画线,即得到瓦片切割线。

2）切割:利用半自动切割机或 3D 仿形切割机根据切割线位置进行切割,并加工坡口。

3）拼装:利用制作时的工艺连接板先将瓦片组装、调圆处理成成品管节,上下游环缝拼装时压缝完成后,在凑合节及已安装管节外壁间隔 45°设置连接板,用高强螺栓连接形成约束。

（4）焊接顺序：三条纵缝焊接→凑合节加劲环焊接（加劲环焊接在纵缝焊接验收合格后进行）→上下游环缝正缝焊接→背缝焊接→正缝焊接→背缝焊接。

焊接时变形、应力控制及要求：

1）三条纵缝焊接：三条纵缝采用同步对称焊接方式，控制正缝、背缝顺序，严格要求管口圆度。

2）环缝焊接：上下游环缝焊接时采用同步对称焊接方式，两条环缝正缝同时开焊，当正缝焊接完成焊道60%时，开始焊接背缝，当背缝焊接完成60%后将正缝焊接结束，最后再完成剩余40%背缝焊接。

3）焊前需要进行加热，采用履带式电加热方式，对焊缝两侧从坡口起100mm的宽度进行预热，测温点为距离焊缝两侧各50mm处进行测温。

4）环缝焊接采用6～8名焊工同时对称、匀速施焊，焊接时要求控制线能量、电流电压值，采用多层多道焊接方式，分段退步焊接，见图7-18，注意层间温度。

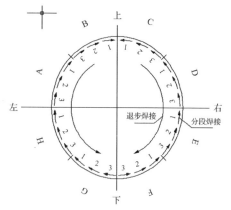

图7-18 凑合节焊接工艺顺序简图

注：字母代表焊工焊接位置划分、数字代表分段退步焊接顺序。

5）封闭焊缝焊接前，要彻底检查坡口间隙，间隙超过2mm的部位需要进行坡口堆焊处理，确保环缝周围间隙不大于2mm，打底焊道采用叠焊法，对称施焊，叠焊长度为

300～400mm。

6）其余按照压力钢管焊接工艺指导书,严格按照工艺参数施焊。

（5）焊接过程中的锤击效应。封闭环缝除打底的 3 层和盖面的焊缝外,其余焊道焊后立即消除应力,为了避免锤击产生裂纹,锤击用的锤头必须是圆形,其圆弧半径不小于 5mm,锤击部位必须在焊道的中间,不得锤击焊趾（即熔合线）部位,锤击应沿着焊缝方向进行,直到焊缝表面出现麻点为止。

（6）焊接变形监测以及控制。

1）焊接前在钢管内壁上下左右位置上画好刻度线,以 300mm 左右为宜,用钢板尺测量度数,在焊接过程中随时监测变形上下左右变形情况。

2）开焊前在小岔上游管口进行测量,在正缝、背缝顺焊接完成后分别进行测量,监测上游管口是否变形及变形量。

3）如果瓦片有间隙,则先将间隙塞焊填充后,再进行正式焊接,以减小焊接收缩量。

3. 短套管连接法

短套管连接法外面是套筒,里面是导流板,套筒长度 500mm,导流板长度 200mm,安装时先将外套筒与连接钢管外壁拼装,压缝并调整好间隙、错台等,定位焊进行临时固定,然后将内导流板沿钢管内壁进行拼装,坡口尺寸间隙可参考图 7-19,然后检查尺寸,合格后进行焊接。首先焊接套

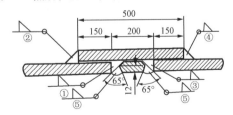

图 7-19　短套管安装凑合节方法示意图

①一侧导流板与钢管角焊缝；②一侧凑合节套筒与钢管角焊缝；
③另一侧导流板与钢管角焊缝；④另一侧凑合节套筒与钢管角焊缝；
⑤导流板与钢管内部角焊缝

筒一侧的内外焊缝,再焊接另外一侧的内外焊缝,安装导流板关键是将内角焊缝打磨平滑,焊缝间隙均匀,然后贴装并对称、匀速焊接,具体焊接顺序和要求与钢管焊接工艺相同。

第十节　竖井压力钢管安装施工

一、竖井压力钢管安装简述

抽水蓄能电站引水系统中竖井段为常见的压力钢管布置形式,竖井段高度从几十米到几百米长,施工安全风险高。竖井压力钢管安装最大特点:安装工程量大,起吊安全风险大,高空作业面多,洞内施工照明、通风排烟困难。

由于竖井施工中操作人员需要频繁上下竖井,施工人员安全也需要引起高度重视,施工中吊装设备往往是特种设备,操作人员也是起重特种资质人员,这是前期施工组织设计必须重点考虑的。

竖井压力钢管安装按照部位共分为:下弯段定位节压力钢管安装、下弯段压力钢管安装、竖井段压力钢管安装、上弯段压力钢管安装。

图 7-20 是溧阳竖井压力钢管安装布置简图。

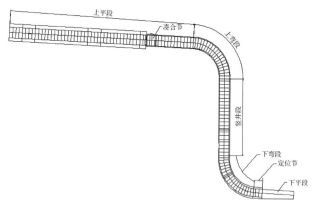

图 7-20　溧阳竖井压力钢管安装布置简图

二、竖井压力钢管安装工艺流程

1. 安装顺序

下平定位节安装→下弯段钢管安装→竖井段钢管安装→上弯段钢管安装。

2. 安装工艺流程

施工前准备→钢管厂装车→公路运输→洞内运输→竖井段安装平台卸车翻身→竖井吊装运输→拼装→焊接→检查验收。

三、竖井压力钢管安装施工前准备

（1）引水隧洞开挖已结束，隧洞断面满足设计要求，且喷锚支护工作结束。

（2）测量放点完成，根据设计蓝图由测量队放出有关三角网点、水准网点和钢管的基准线。在始装节和各管段的转点、终点应埋设铁标测量点，并在十字方向提供参考点。在钢管分段安装过程中，每个安装段都必须事先做好点线设置。

（3）运输轨道满足运输需求。根据安装单位提出的布置要求，土建单位完成施工支洞与主洞交叉处起吊门字架、导向地锚、卷扬机室、变压器等处场地扩挖施工，地基混凝土浇筑、排水、排烟、除湿等设施具备钢管焊接条件。

（4）洞内运输用的卷扬机已安装就位，各吊点（环）、起吊设备、滑轮（滑轮组）等已安装准备完成并安全验收合格。

（5）钢管安装采用分段安装、分段回填混凝土循环施工方法。循环长度控制在12m，回填混凝土时在钢管端部预留1.0m不回填，以便后续钢管环缝对接。

（6）钢管回填灌浆和接触灌浆与钢管安装平行滞后3个月施工。

（7）监测仪器施工应在钢管安装验收合格，未回填混凝土前进行。

四、竖井压力钢管安装施工设备布置

竖井压力钢管安装主要施工设备有卸车翻身以及垂直吊装运输设备、上下竖井人员运输设备、钢管安装焊接操作平台设备等,以及其他安装需要布置的设备。

1. 翻身吊装设备布置

(1)移动门机。竖井压力钢管安装吊装设备主要是竖井翻身平台上布置的移动式门机,见图7-21。门机主要由行走机构、门腿、主梁、起升机构、大勾等组成,在大型竖井压力钢管安装施工中,门机是主要翻身吊装手段,对工程进度、质量、安全以及工期起到关键作用,因此需要在前期设计制作以及安装中高度重视,并且在使用前进行特种设备验收相关手续,获得证书后方可投入使用,操作人员也要有特种设备资质证书,以及进行相关培训后上岗。

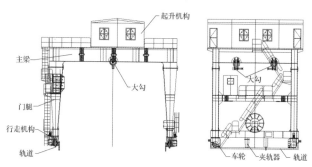

图 7-21　竖井压力钢管安装主要设备移动门机简图

(2)移动门机基础处理。由于门机自重以及钢管重量,门机底部承载力需要进行校核,在地质条件较差的部位,还需要进行强化处理,否则将给后续施工造成极大的安全隐患,一般处理方式是在门机轨道基础布置岩锚梁,或者锁扣梁形式,图7-22是竖井门机轨道基础加固示意图。

2. 载人吊篮系统布置

竖井压力钢管施工人员上下井运输以及通道设计关系到施工人员的安全,也是竖井施工必须重点考虑的问题之一,竖井载人吊篮系统就是解决人员上下井的主要运输方式,载人吊篮系统设计需要考虑以下几个问题:

(1)必须确保人员安全,因此在设计吊篮系统时安全系数必须满足相关规范要求。由于竖井内环境复杂,湿度较

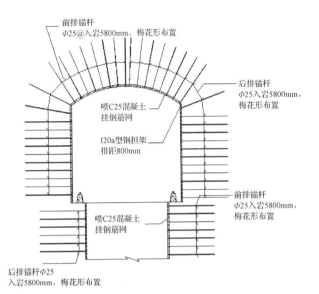

前排锚杆
φ25@入岩5800mm，梅花形布置

后排锚杆
φ25入岩5800mm，
梅花形布置

喷C25混凝土
挂钢筋网

I20a型钢担架
排距800mm

前排锚杆
φ25入岩5800mm，
梅花形布置

喷C25混凝土
挂钢筋网

后排锚杆φ25
入岩5800mm，梅花形布置

图 7-22　竖井门机轨道基础加固示意图

大,安全系数还应适当加大,如载人,卷扬系统安全系数要大于 14 倍(按照电梯载人)。

(2)要考虑布置位置不得影响钢管的翻身吊装,与门机移动不得发生干涉。

(3)吊篮结构设计要满足强度要求,确保人员运输安全,内部踢脚距离底部高度不得小于 300mm,防止异物坠落造成竖井内施工人员伤害事故。

(4)载人卷扬机需要双保险设计,即双卷筒、双制动。

竖井载人吊篮布置简图见图 7-23。

3. 竖井内安装平台设计

竖井钢管安装如采用搭设脚手架安装,工程量大、工期长、费用也高,因此常规采用钢管内布置安装平台,平台设计合理与否将直接影响后续钢管安装,平台设计主要考虑:

(1)施工安全。这是首先必须考虑的问题,平台强度和刚度要满足安装要求,具体设计要根据安装钢管重量和尺寸确定。

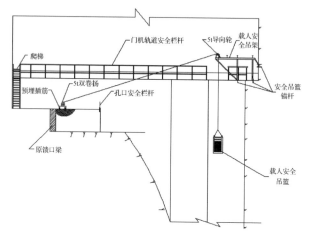

图 7-23　竖井门机载人吊篮示意图

（2）施工方便。平台设计要满足压缝拼装、焊接、检验等工序需要，还需要考虑设备以及零星材料堆放空间。

（3）运输安装便利。平台设计要考虑运输安装的方便，结构要简单实用，如果直径较大，可以设计成便于拆卸结构。

图 7-24 为一种大直径竖井压力钢管安装平台，平台分为

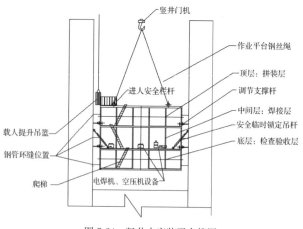

图 7-24　竖井内安装平台简图

三层,顶层主要进行钢管拼装压缝,为施工安全,顶层上部盖板铺设花纹钢板进行防护,防止竖井上面坠落异物;中间层为焊接层,主要存放焊接、防腐设备以及一些零星材料,本层也是主要受力层,在底部布置有临时锁定吊杆,在门机松勾后,利用其临时将平台锁定在钢管内壁焊接的吊耳上(此吊耳同时也是钢管翻身用),锁定机构共计4件,沿钢管内测对称分布;底层为检查验收层,主要是焊缝无损探伤以及补漆修磨处理层,设计可以考虑结构简单,主要是操作人员安全通道和作业平台。

另外在平台内部布置有调节支撑杆,上下两侧各均布4件共计8件,用于在焊接施工中防止平台晃动影响焊接质量,在平台顶部安装有载人吊篮通道和安全爬梯。

五、下弯段压力钢管安装施工

下弯段压力钢管安装,如果直径较小重量较轻,可以采用直接吊装顺序安装的工艺进行,但是对于地质条件较差、直径较大、重量较重的下弯段压力钢管安装,则需要采用台阶施工法更为安全可靠,具体介绍如下:

下弯定位节运输从下平段进入,经过牵引卷扬牵引到位进行安装,见图7-25。定位节首节安装完成到位后,测量调整合格后进行加固支撑,然后依次安装第二节、第三节,全部安装完成后,进行回填浇筑,在强度达到75%后可以进行下道工序安装。

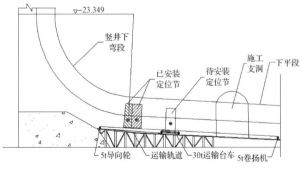

图7-25 下弯定位节安装示意图

六、竖井段压力钢管安装施工

竖井段压力钢管安装在下弯段安装完成后,竖井段钢管运输吊装是重点,以下分别介绍。

1. 从交叉口运输到翻身部位

钢管到达施工支洞与主洞交叉口处,利用台车万向轮转向后落在主洞内运输轨道上,利用翻身平台布置的牵引卷扬机进行牵引,后面布置卷扬机配合滑轮组进行溜放,为防止钢管倾翻,钢丝绳需要在钢管上进行固定连接,同时可以减小牵引力,起到安全制动作用。卷扬机以及钢丝绳选择根据坡度和运输钢管重量计算确定。经过斜坡段到达翻身平台后,利用门机进行翻身作业,使钢管由轴线水平状态变为轴线垂直安装状态,见图7-26。

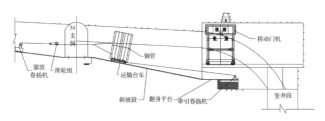

图 7-26   竖井段钢管在斜坡段运输简图

2. 钢管在平台部位翻身工艺

工序 1:钢管到达翻身平台后,利用门机将钢管从台车上卸车,安装好翻身钢丝绳;

工序 2:进行翻身作业,边翻身门机随钢管重心边移动;

工序 3:为安全考虑,钢管向上游翻身,翻身后钢丝绳换勾;

工序 4:利用钢管内部布置的 4 个吊耳板,将钢管水平运输到安装部位。

具体翻身工艺见图7-27。

3. 竖井段压力钢管安装

(1)竖井钢管安装安全防护措施。由于竖井施工属于高空作业,临空面多,为保证竖井钢管卸车翻身以及吊装施工

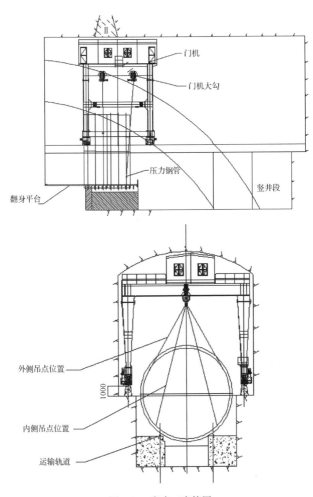

图 7-27 翻身工序简图

的安全,需要在临空面安装安全防护栏杆和走道板,竖井临空面悬挂安全钢丝网,在门机轨道处,钢管安装载人吊篮需要架设人行通道。

(2) 安装工艺。

1) 安装运输导向。为加快施工进度,保证钢管焊接质量,减少现场焊接工作量,前期竖井钢管制造可以采用两节钢管拼装焊接成一大节,考虑到门机翻身负荷,如果吊装翻身重量超过门机负荷,可以采用单节运输安装。另外,竖井钢管运输一般时间较长,占用直线工期,钢管加劲环与洞壁尺寸较小,一般在500mm左右,为加快竖井内的运输速度,避免钢管与开挖面及锚栓碰撞,保证钢管下降中的安全,钢管下降速度很慢,为此,在前期开挖结束后,沿竖井内四周均布型钢,作为钢管运输导向,防止钢管运输中与洞壁钢筋头以及其他突出障碍物发生碰撞,影响正常施工。

2) 钢管吊装到位。竖井段钢管安装通过布置在竖井上弯管扩挖空间内的移动门机吊将钢管翻身,然后调整到安装角度,利用移动门机大吊钩、4根钢丝绳和卡环等工器具将钢管下放到安装部位,当钢管与已安装节接近(50cm距离)时放慢下放速度,调整其管口中心与下节管口对齐。为便于上下节钢管管口对装准确,可在已安装节管口外壁上焊接定位板。当钢管安装定位准确后进行临时加固焊接。

3) 操作平台的施工。采用型钢、钢板等制作米字撑,如图7-28,并在米字撑上铺设花纹钢板形成操作平台。

在丝杠螺杆顶端加装顶紧钢板和橡胶垫,增大米字撑与钢管内壁的摩擦力,使平台产生内应力,紧贴钢管内壁;制作加工4个与顶紧钢板配套的导向滑轮,当利用起吊操作平台时,旋转丝杆至最短长度,调节与钢管内壁间隙,并安装导向滑轮,起到导向作用;米字撑丝杠螺母上焊接8个吊耳,并安装8根ϕ20mm钢丝绳,其中4根钢丝绳通过吊耳及挂钩将操作平台悬挂于已安装的钢管管壁上口(以下简称常用钢丝绳),另外4根钢丝绳通过挂钩、调节器悬挂在待安装的钢管管壁上口(以下简称临时钢丝绳)。

4) 安装方法。当移动门机将安装节下放到距离已安装节上口30cm时,临时钢丝绳与操作平台连接,钢管缓慢下放,临时钢丝绳不断收紧;当安装节距离已安装节上口10cm时,将常用钢丝绳从已安装节上口脱离,通过卡环与移动门机吊钩与事前挂上的钢丝绳连接,保证操作平台人员安全。

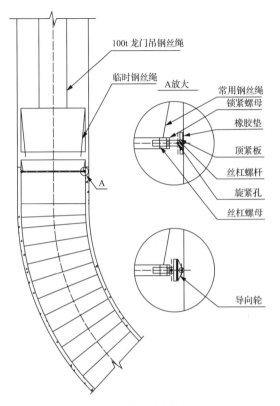

图 7-28　操作平台简介

　　5) 环缝对接。当操作平台固定牢靠后,操作人员通过放置在钢管与洞壁之间的爬梯进入钢管内,在操作平台上组装和使用环缝对圆丝杠,其钢管外壁和洞壁之间通过千斤顶配合对圆丝杠完成环缝对接。

　　6) 焊接环缝。在拼装完成经过检查验收合格后,可以进行焊接作业,焊接顺序以及焊接工艺详见后续章节。

　　7) 探伤检查。由于竖井操作平台一般设计成三层,在最底层为检查验收层,在不影响上面两层施工的前提下,可利用本层进行焊接完成焊缝的无损探伤检查,以及焊缝缺陷的处理,焊缝验收合格后,可在此层进行后续焊缝打磨、防腐处理等缺陷处理工作。

以上工序,基本上可以形成流水线作业,但是要注意各工序的衔接,拼装、焊接以及防腐、焊缝检查等工序要密切配合,生产经理要统筹安排,才能达到无缝衔接施工,缩短工期和降低成本。

七、上弯段压力钢管安装施工

竖井上弯管安装方法类似竖井直管安装,上弯段压力钢管大部分可以利用门机进行安装,安装时内部布置移动工装架,主要用来进行压缝和焊接操作平台,见图7-29。

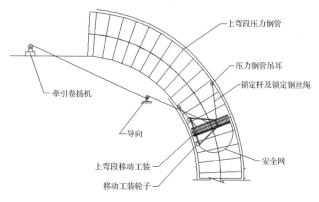

图 7-29　上弯段钢管安装简图

上弯段压力钢管安装施工工艺:

(1)用门机将工装架吊装到已经安装好的钢管内,利用钢管内壁安装的4个吊耳进行锁定,锁定采用钢丝绳和型钢连接杆双保险;

(2)吊装钢管到位后进行压缝、焊接、检验;

(3)一个安装单元完成后,利用牵引卷扬和导向轮移动工装前移一个安装单元,进行下一个安装循环。

八、竖井压力钢管施工安全技术措施

(1)竖井平台安全防护必须对临边面设置栏杆,并悬挂安全钢丝网,防止高处坠物伤人;

（2）吊篮上下必须对人员进行登记，并严禁人物混装；

（3）竖井施工通信必须保证畅通，应急照明和通信必须进行检查，并保证专人负责检查和落实；

（4）每班施工前进行安全交底，并有专人负责检查；

（5）在遇到紧急情况时必须制定预案，并按照要求进行处理、上报，严禁私自确定，防止意外；

（6）压力钢管安装过程中，由于受空间条件限制，作业面比较狭窄，施工人员比较集中，需要重点监控；

（7）施工人员在施工过程中必须正确使用各种劳动保护用品（如绝缘鞋、眼镜、口罩、手套等）；

（8）压力钢管在安装、焊接、检验阶段，在钢管内均有台车，在台车上放置木板，用铁丝将木板与台车固定牢固并铺设安全网，防止人员坠落或物体下落，扎伤下部施工人员；固定台车用吊耳均已核算，能确保运行安全，严禁台车未固定便进行使用，严禁台车在运行过程中进行施工；

（9）平台上放置木板并固定牢固，在平台下部挂安全网，防止工具或其他物品坠落；

（10）在施工过程中必须要有良好的通风，如果排烟不好需增设通风设备。

第十一节　斜井压力钢管安装施工

一、斜井压力钢管安装简述

斜井压力钢管安装施工与斜井开挖施工一样，由于斜井倾角一般在 $40°\sim50°$，施工难度大、安全风险高，加上斜井长度长，施工测量和安装均存在很大难度，下面以仙居典型抽水蓄能电站斜井压力钢管安装为例进行介绍，见图7-30。仙居斜井分上斜井、下斜井两部分，安装顺序均从下弯段定位节开始，斜井段再到上弯段、上平段的安装。

二、斜井压力钢管安装工艺流程

仙居上斜井、下斜井两部分安装工艺基本相同，下面以上斜段安装为例进行介绍，见图7-31。

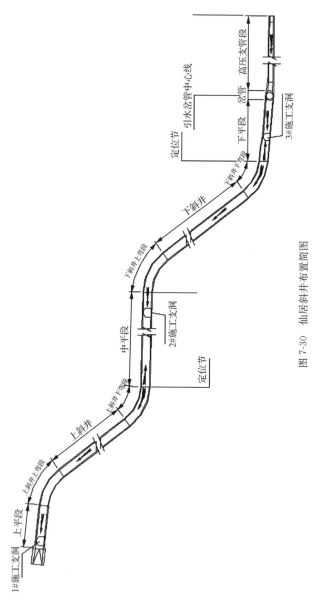

图 7-30　仙居斜井布置简图

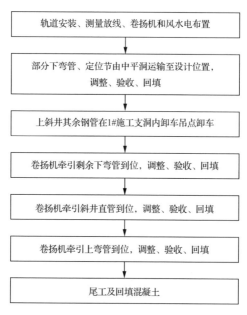

图 7-31　仙居上斜井安装工艺流程图

三、斜井溜放布置

（1）斜井施工前的相关技术准备非常关键，主要包括安装轨道的布置、牵引溜放卷扬的选择布置、运输通道的设计、吊装方式的选择等，见图 7-32。

（2）斜井轨道基础布置。斜井轨道基础布置如图 7-33。轨距为 3.5m，沿斜井断面布置，轨道支撑间距 500mm，轨道支撑必须加固在牢固的岩石上，支撑处做凿平处理，保证与岩石紧密接触，如遇到软岩结构，需要根据实际情况进行处理（支垫钢板），所有连接焊缝必须满焊。

（3）斜井钢管安装运输吊装布置。

1）洞外运输。钢管由钢管加工厂运输至上库区 C2 标营地钢管拼装场采用汽车运输，钢管在钢管加工厂存放状态和运输到上库区 C2 标营地钢管拼装场状态为管轴线垂直于水平面（即管口朝天），见图 7-34。

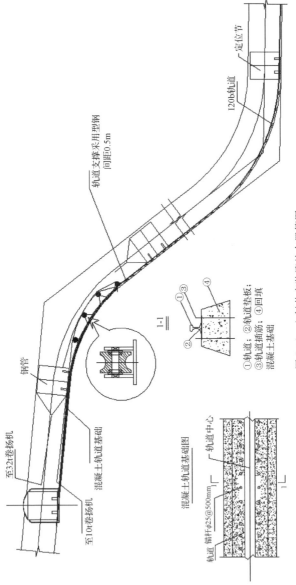

图 7-32　上斜井安装溜放布置简图

1轨道；2轨道垫板；
3轨道插筋；4回填
混凝土基础

混凝土轨道基础图

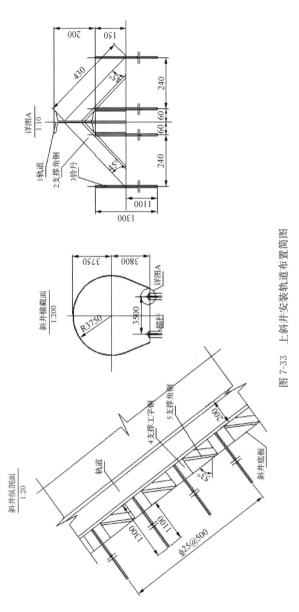

图 7-33 上斜井安装轨道布置简图

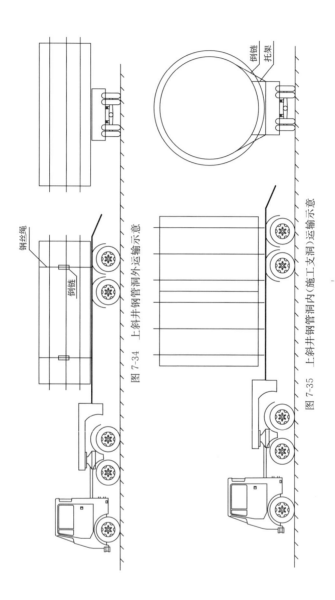

图 7-34 上斜井钢管洞外运输示意

图 7-35 上斜井钢管洞内（施工支洞）运输示意

2）洞内运输。

①施工支洞内运输。1#施工支洞内钢管运输采用汽车运输，运输状态为钢管轴线水平且平行于支洞轴线，见图7-35。

②主洞内运输。主洞内钢管运输采用有轨运输，轨道中心距为3.5m，轨道铺设自施工支洞卸车吊点处至与1#引水主洞交叉口处，同时主洞内铺设轨距为3.5m的轨道，直通安装部位。

车辆将钢管运输至卸车点处后，汽车携钢管利用卸车点附近的回车洞掉头，车尾退至吊点处，利用卷扬系统将钢管卸车，车辆返回钢管加工厂，同时为钢管安装钢轮或将钢管放置于台车之上。

3）洞内运输吊装工序。

①上平段及上斜井压力钢管卸车吊点布置在1#施工支洞临近2#引水主洞处，吊点允许起吊最大荷载40t，见图7-36，图中各设备说明见表7-4。钢管在1#施工支洞内运输时采用汽车运输，经卸车点处卸车后安装钢轮或放在台车上，利用布置在1#施工支洞延长段处的10t卷扬机将钢管牵引至1#引水隧洞交叉口处，此时钢管轴线与施工支洞的轴线方向一致，利用交叉口处的回转盘将钢管旋转90°，使钢管的轴线方向与主洞的轴向方向一致。

表7-4　　　　斜井运输吊装部件说明列表

序号	名称	规格型号	备注
1	箱式变压器	400kVA	给钢管卸车、牵引和焊接等作业供电
2	5t卷扬机	5t	钢管卸车卷扬机
3	32t卷扬机	32t	斜井运输
4	54t导向轮	54t	斜井运输
5	20t导向轮	20t	斜井运输
6	回转盘	40t	用于钢管转向
7	32t卷扬机	32t	斜井运输
8	10t卷扬机	10t	平段牵引、斜井导向
9	托辊	10t	自制
10	钢丝绳校正滑轮	32t	使钢丝绳保持在主洞中心

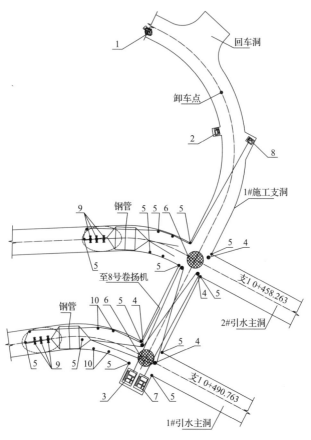

图 7-36 斜井洞内运输吊装简图

②然后将 10t 卷扬机的钢丝绳绕过上弯段处导向轮反挂于钢管前部,实现钢管在上平段处的牵引,同时 32t 卷扬机钢丝绳挂于钢管尾部,与 10t 卷扬机协同配合,完成斜井内钢管的运输。

同理,运输 2♯引水主洞钢管时,先利用 10t 卷扬机将钢管牵引至 2♯引水主洞的交叉口处,再将钢管旋转 90°,32t 与 10t 卷扬机协同将钢管运输至斜井的安装部位。

四、下弯定位节的安装

安装定位节之前,首先将下弯管利用卷扬机牵引至安装部位处,并固定牢靠。钢丝绳绕过反向滑轮反挂于钢管前部,启动卷扬机,将钢管牵引至安装部位附近,并将钢管用型钢固定牢固。待三节弯管均牵引至安装部位处并固定好后,安装定位节,调整中心位置,合格后回填混凝土。当定位节混凝土强度达到75%以上时,将反挂于下弯段处的钢管依次下放至设计位置处进行安装,见图7-37。

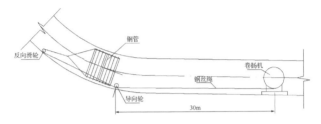

图7-37 定位节安装简图

五、斜井段钢管安装

斜井段钢管安装由台车牵引运输钢管到安装部位后,先与已经安装的钢管进行拼装对位、压缝,台车分拼装层、焊接层以及检查验收层,底部布置一台运料小车,用于运输零星施工材料。

在斜井安装、焊接过程中采用4个台车,分别为压缝台车、焊接台车、检验台车和运料台车。当下弯段的钢管安装完成后,在开始安装斜井直段钢管时,将台车分别放在钢管内,同钢管一起从上部放到安装工作面。在下弯管定位节处设置一台10t卷扬机,作为3个台车的动力卷扬机。3个台车采用10t卷扬机牵引的方式独立运行。当台车运行到位后,将台车分别锁定在管内壁的吊耳上(在每节钢管管口处焊接有安装吊耳,在钢管安装焊接完成后将其削除),严禁将3个台车串连在一起或锁定在一个位置上。材料从下部进入,检验与运输台车承担其运输工作。在3个台车内部均设计有梯子,可以作为3个台车之间的通道。严禁未将台车锁定便开始其他工作。当10t卷扬机的钢丝绳不够长，无法作为台车牵引的时候，将采用上平段钢管运输的10t卷扬机作为台车牵引动力，用临时台车进行物品的运输。斜井安装台车简图见图7-38。

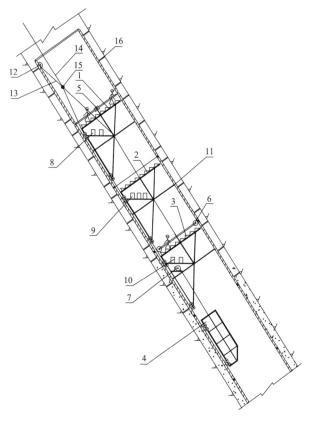

图 7-38　斜井安装台车简图

1—装配、焊接台车；2—焊接台车；3—检测、涂装台车；4—运料台车；5—压缝器；6—TOFD机架；7—导向滑轮；8、9、10—焊条烘干箱、电焊机、保温箱、电焊机、气刨机、气泵；11—可伸缩式内支撑架；12—挂环；13—封车钢绳；14—索引钢绳；15—卡具；16—钢管外加固支撑

六、斜井段钢管安装安全控制措施

斜井施工安全技术措施与竖井大体一致,不同之处在于,斜井重点要监控溜放安全以及导向轮的布置安全,另外一点就是斜井人员进入通道以及安全措施。

第十二节　弹性垫层压力钢管安装施工

一、弹性垫层管安装简述

弹性垫层压力钢管安装,主要在与厂方球阀以及伸缩节连接段,主要目的是在压力管道与厂方机组之间形成柔性连接,吸收部分机组运行时的径向振动应力,因此安装精度必须严格控制,最好按照水机管道规范进行安装控制,不能按照水道尺寸公差进行控制,在钢管管厂制作加工时需要严格检查钢管管口圆度和外形尺寸,为后续安装提供良好基础。

弹性垫层管最好在机组安装完成后进行安装调整,在水道上游钢管安装时预留空间位置,见图 7-39,作为调节位置,如果由于施工原因必须提前安装,要将安装里程、桩号以及高程测量准确。水道安装中心和机组安装中心进行贯通测量,并统一测量基准,在弹性垫层安装时用。

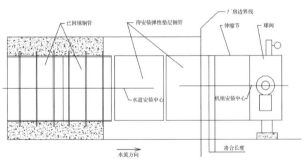

图 7-39　弹性垫层安装预留空间

二、弹性垫层管安装工艺

弹性垫层管安装工艺流程如下:弹性垫层管制作→进行测量基准的统一校准→安装水道上游面钢管→预留弹性垫

层安装位置→将弹性垫层管提前吊装到位临时存放→安装球阀→安装弹性垫层→回填弹性垫层混凝土→安装伸缩节。

1. 弹性垫层管制作

由于弹性垫层管安装的精度高,在制作时要严格控制管节制作质量,从下料、卷制、组装、焊接各个环节都要按照设备等级进行检查验收,检查验收时要按照规范最严格的下限控制精度。

2. 贯通测量

在上游钢管定位节安装前,进行水道设计中心和机组安装中心的贯通测量,并确定一个安装基准,为后续安装减小测量误差。

3. 安装水道上游钢管

根据施工经验,水道钢管安装一般在厂房机组安装之前,因此综合考虑,将水道上游钢管定位节安装完成后,预留弹性垫层空间位置,见图7-40。

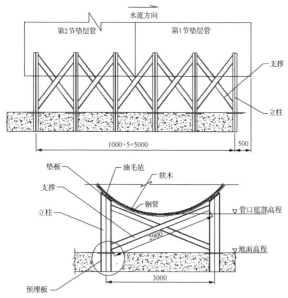

图 7-40　弹性垫层安装支撑加固简图

4. 吊装弹性垫层钢管

为了不影响厂房机组安装工期，提前由厂房利用桥式起重机将弹性垫层管吊装到位，临时存放在安装位置。

5. 安装球阀

根据测量的统一基准，安装厂房球阀，并校核合格后进行底部支撑回填。

6. 安装弹性垫层管

根据设计统一基准，校核球阀安装中心，再次安装调整弹性垫层管，确保中心误差控制在 2mm 范围内，钢管圆度误差控制在规范范围内。

7. 安装伸缩节

根据弹性垫层管与球阀安装尺寸，进行现场切割伸缩节长度，一般预留长度为 100mm 左右，切割完成后进行吊装，一端与球阀进行高强螺栓的连接，另一端与弹性垫层管拼装压缝并进行合拢焊缝的焊接。

由于最后一道焊缝为凑合节焊缝，应严格控制焊接质量，进行对称退步跳焊，严格控制焊接线能量，采用多层多道焊，采取有效措施减小焊接应力。焊接完成后，不但要按照规范进行无损探伤检查，有条件最好进行焊接残余应力检查，以便对此道焊缝情况进行更加深入的了解，为后期运行作参考。

第十三节　钢岔管洞内安装施工

一、洞内钢岔管安装简述

鉴于钢岔管在水道压力钢管施工以及后期运行安全的重要性，钢岔管安装历来受到施工各方重视和关注，目前国内已经施工或者正在施工的水电站压力钢管工程中，基本上有两种安装方法和工艺，一是钢岔管在洞外进行拼装、焊接水压试验，然后整体运输进洞安装，此种工艺主要针对钢岔管整体体型尺寸、洞内运输条件满足要求的情况，优点是洞外拼装焊接条件良好，质量宜得到保证，缩短了施工工期；另外一种工艺是在洞内进行拼装、焊接、水压试验,主要针对大型钢岔管,或者洞内运输条件不能满足要求,必须瓦片运输的场合,缺点是洞内施工条件差、对焊接质量要求高、占用施工直线工期,优点是可以减小前期洞内开挖尺寸,减小工程投资成本,对于地质围岩结构条件较差的工程,有其有利的一面。具体如何选择,需要根据工程自身特点进行优化论证后确定。

以下通过溧阳抽水蓄能电站钢岔管施工对两种工艺分别进行介绍,见图7-41。溧阳电站引水系统水道设计采用一洞三机,两个引水系统分1#引水系统、2#引水系统,分别布置有1#、3#两个大岔管,2#、4#两个小岔管。其中2#、4#两个小岔管在洞外进行拼装水压试验,整体运输进洞安装,1#、3#两个大岔管瓦片进洞进行洞内拼装焊接水压试验。

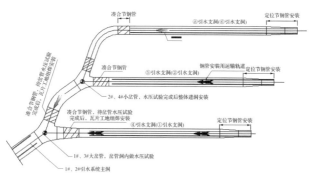

图 7-41　溧阳抽水蓄能钢岔管布置简图

二、钢岔管洞外水压试验后整体运输进洞安装工艺(国家工法)

1. 工法特点

(1)施工灵活:通过采用液压反铲进行斜坡段运输牵引,与传统卷扬机牵引工艺比较,节省了大型设备现场安装拆除时间,工期大大缩短。

(2)安全可靠:针对洞内运输卸车,专门设计了运输回转台车及液压油缸系统,安全系数高,吊装采用专门吊架设计,与传统天锚吊装比较,钢管吊装与围岩结构无关,现场易于监控,安全可靠。

(3)质量保证:由于岔管整体在钢管厂进行拼装焊接及水压试验,质量易于保证,通过专用回转台车参与岔管的安装压缝,现场管口尺寸以及焊接质量得到保证。

(4)缩短工期,成本低:由于岔管运输采用专用回转台车,可以根据洞内开挖尺寸及时调整角度,最大限度减小土建前期开挖断面尺寸,可以大大缩短工期,减小工程造价。

2. 适用范围

本工法适用于大体型钢岔管整体洞内运输安装,特别适合在地质条件复杂、工作面狭小、运输转弯半径小且洞壁不易大量扩挖、起吊设备受限等情况下的大型地下洞内异型压力钢岔管安装工程。

3. 工艺原理

根据岔管尺寸设计专用运输回转台车、液压油缸系统,用于岔管的洞内卸车,利用回转台车的回转功能在运输中随时根据洞内尺寸及时进行调整,满足岔管最小转弯半径,牵引动力采用前后液压反铲进行。利用洞内布置吊架进行岔管洞内卸车翻身、吊装。为减小岔管翻身处的顶部扩挖,进行底部扩挖并布置钢栈桥。在岔管到位后,利用回转台车进行就位和安装调整,节省时间和费用,施工安全也得到有效保证。

4. 施工工艺流程

岔管运输安装工艺流程见图7-42。该图显示为4#岔管的运输安装顺序,2#岔管运输安装顺序相同。

5. 施工前准备

(1)公路运输条件提前进行勘测,沿途运输道路清理,岔管整个运输过程经过模拟实验确认,沿途无任何障碍,以及超高限位。

(2)运输轨道满足运输需求。

(3)洞内安装用的卷扬机、各吊点(环)、起吊设备、滑轮(滑轮组)等已安装准备完成并安全验收合格。

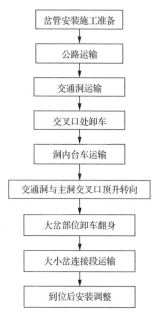

图 7-42　岔管运输安装工艺流程

（4）对相关人员进行技术交底，交底包括施工方案、质量控制要点、主要注意事项、安全措施、应急预案等。

6. 岔管在公路上的运输

岔管在公路上的运输，主要是钢管制造厂到交通洞口的运输，此处运输主要考虑公路的限高、限宽、公路承载力等因素，需要提前对道路进行勘测，沿途高压线、电线电缆等设施是考虑的重点，时速控制在 10km/h。

7. 岔管在交通洞内运输

钢岔管在交通洞内的运输，主要是从交洞口到洞内卸车部位，仍然采用 100t 拖车进行，由于进入洞内，需要考虑洞内转弯半径、洞内其他辅助设施的影响，主要是各种管路、线缆等，提前钢岔管模拟运输时必须将所有障碍清除，运输过程中前后均需专人监控指挥，时速控制在 5km/h。

8. 岔管在交通洞与施工支洞交叉口处的卸车

卸车流程:钢岔管在交通洞与2#施工支洞交叉口处的运输,成为整个运输的重点和难点,具体卸车步骤如下:

1)汽车运输到位,布置卸车液压油缸系统,进行顶升前的准备工作;

2)4台液压油缸同步顶升岔管,顶升到位后临时固定,汽车撤离;

3)台车牵引进入岔管底部,准备降落;

4)4台液压油缸同步降落,岔管在台车固定,卸车结束。

9. 岔管在交通洞台车运输

洞内运输时由于空间有限,弯段较多,对于大型钢岔管普通运输拖车不能保证要求,因此需要采用特制运输台车进行,如图7-43所示。该台车具有回转功能,能随洞内施工断面进行回转,最大限度减小洞内扩挖。

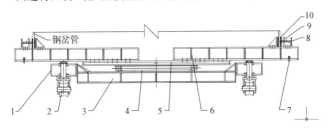

图 7-43　运输专用回转台车

1—主梁;2—万向轮装置;3—回转梁;4—回转机构;5—台面;
6—回转支撑调整梁;7—锁定螺栓;8—锁定丝杠;9—钢岔管
锁定支座;10—橡皮垫

10. 岔管在施工支洞与主洞交叉口处的顶升转向

岔管运输到施工支洞与引水主洞交叉口处,两条洞内轴线基本上处于垂直状态,单凭回转台车转向已经无法实现,需要将台车整体顶升并旋转90°,具体顶升工艺如下:

工序1:运输到交叉口处,台车底部车轮临时固定;

工序2:旋转台车回转机构,带动岔管旋转90°,钢岔管长轴与主洞平行;

工序 3：用型钢支垫，四周布置用千斤顶，将台车连带钢岔管整体顶升 20~30mm，使车轮离开轨道顶部 10mm 左右；

工序 4：旋转台车底部万向轮 90°，台车连带钢岔管整体降落，使万向轮在主洞轨道上，顶升结束，进入下道工序。具体见图 7-44。

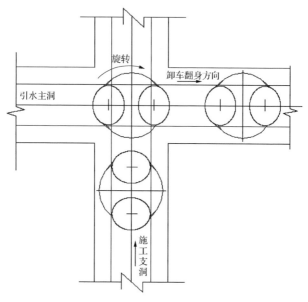

图 7-44　交叉口处的顶升转向平面简图

11. 钢岔管洞内卸车翻身

由于洞内基岩多为Ⅳ、Ⅴ类围岩，洞内不宜大面积开挖，大岔部位有效空间有限，因此造成岔管投标方案中翻身天锚取消，增加了岔管在洞内翻身吊装的难度，经过多次优化方案，采用布置龙门架进行洞内钢岔管的吊装翻身作业，岔管在大岔部位的翻身成为整个小岔运输过程中的重点和难点。

具体吊装设备配置如下：利用 3#、4# 两个 40t 龙门架进行卸车，其中 3# 龙门架布置两组 32t 滑轮组，4# 龙门架布置两台 20t 电动倒链，滑轮组采用两台 5t 卷扬机进行提升。

现场卸车翻身工艺流程。岔管在洞内的卸车翻身吊装工艺流程如下(图7-45):

工序1:小岔利用60t回转台车运输到大岔部位,利用3#、4#龙门架进行联合卸车,将小岔吊起,台车退出;

工序2:小岔底部进行临时支撑加固,底部钢栈桥向两侧滑移退出,让出小岔翻身空间;

工序3:利用两台32t滑轮组和两台20t电动倒链联合进行翻身;

工序4:继续翻身,32t滑轮组上升,20t电动倒链下降;

工序5:钢岔管翻身到位,用型钢将岔管临时固定;

工序6:吊起岔管,钢栈桥恢复,台车就位,将钢岔管在台车上固定,准备下道工序。

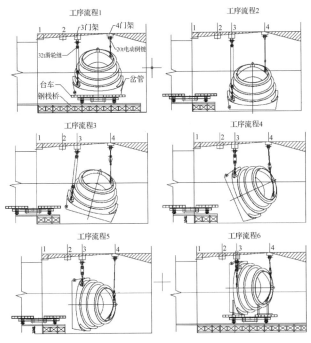

图 7-45 岔管卸车翻身工艺流程图

12. 大小岔连接段运输

大小岔连接段运输主要是弯段运输,利用回转台车,用卷扬机牵引,在过弯段时,根据洞内壁尺寸进行台车回转,带动岔管以适应沿洞内尺寸。由于此段弯管转弯半径较大,可以一次牵引到位。

13. 岔管安装就位的顶升、调整

小岔运输到位后,利用80t回转台车旋转方向,并临时初步调整到设计位置;利用4台50t千斤顶顶升岔管以及支撑件,进行高度方向的调整,岔管到位后的顶升;根据测量放点,在三个管口悬挂钢丝线,控制岔管实际里程、桩号、高程,精确调整岔管位置,保证在设计误差范围内,并用型钢进行固定;利用上下游轨道进行前后方向的位置尺寸调整;在岔管底部铺设左右方向轨道,顶升台车万向轮转动90°,在轨道上牵引台车,进行左右方向的调整;固定牢靠后再次进行岔管各部位尺寸检测,调整完成后进行型钢加固。

14. 岔管其他管节运输安装

针对岔管其他管节安装,由于尺寸相对较小,采取优化设计了一种运输安装双重功能的台车,该台车已经授权专利,可以安全实现钢岔管洞内运输到到位调整,该台车整个施工采用千斤顶、倒链、卷扬机等设备操作,减小了工人劳动强度,节省了钢岔管临时支撑和调整工序,施工安全得到大大提高。

三、钢岔管洞内原位拼装及水压试验工艺(电建工法)

1. 工法特点

(1)工艺先进:通过优化运输安装工艺,采用整体运输和瓦片相结合的工艺,灵活机动。

(2)安全可靠:优化设计了专用运输台车、专用移动吊架,与传统天锚吊装比较,钢管卸车翻身受力与岩石无关,现场易于监控,安全可靠。

(3)质量保证:由于岔管部分整体在钢管厂进行拼装焊接,质量易于保证,现场采用边拼装边滑移工艺,确保了现场拼装质量和焊接质量。

（4）缩短工期，降低成本：由于岔管瓦片进洞拼装焊接、水压试验，减小了开挖洞径尺寸，工程前期建设成本费用大大减小，土建开挖工期缩短；在安装现场，采用底部扩挖，水压试验后整体顶升的工艺，最大限度地减小了扩挖面积，缩短了大岔部位施工工期，节省了扩挖成本。

2. 工艺原理

根据岔管尺寸设计专用台车，边运输边拼装边滑移的新工艺，设计专门卸车翻身吊装架，吊架具有移动功能，覆盖现场拼装核心区域，设计了活动钢栈桥，配合台车进行整体滑移。

施工结合现场场地，充分考虑到施工干扰，才形成多工作面同时施工，最大限度地减小了施工干扰，缩短了工期，采用电动倒链和卷扬机配合施工，增加了现场吊装安全系数，施工安全也得到有效保证。

3. 施工工艺流程

岔管安装工艺流程见图7-46，该图显示为3♯岔管的安装顺序，1♯岔管安装顺序相同。

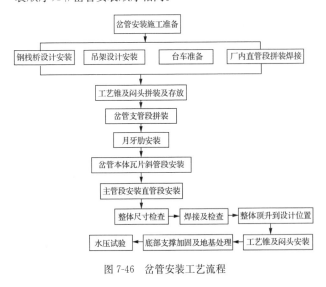

图 7-46　岔管安装工艺流程

4. 岔管洞内水压试验

水压试验升压与应力测试同步进行,在每个保压阶段测试稳定的应力数据,建议试验测试阶段每次升压 1MPa,保压时间 10～15min,最后升压到最高试验压力保压 30 min,水压试验过程中的升压速率控制在 0.05MPa/min,卸压速率同样控制在 0.05MPa/min。

水压试验检测一般需要做应力检测、变形监测、参与应力测试、声发射检测等。

为确保洞内水压试验顺利进行,需要提前将水压试验充排水方案编制完成,相关管路设备等需要提前调试完成,并根据洞内环境做好安全预案,防止意外发生。

第十四节　天圆地方压力钢管安装施工

一、天圆地方压力钢管安装简述

尾水系统一般在闸门井上下游位置均布置有天圆地方压力钢管,主要目的是从圆形压力钢管渐变成闸门井处的方形,然后再从方形渐变成尾水下游的圆形钢管,为了确保洞内天圆地方压力钢管顺利安装,需要在前期钢管厂制作时确保尺寸精度,必要时还需要在钢管厂进行试拼装,以便检验整体拼装尺寸和质量,尽可能将局部缺陷消灭在出厂前,为后续安装打下坚实基础。见图 7-47。

二、天圆地方压力钢管安装工艺

天圆地方压力钢管安装流程以及顺序见图 7-48。

1. 上游定位节安装

在尾水天圆地方安装前,需要将上游与肘管连接的首节钢管,即定位节安装完成,定位节运输从尾水施工支洞经过各施工主洞内进行安装。

2. 尾闸室上游段钢管安装

定位节安装完成后,依次将尾闸室上游面钢管安装到位。

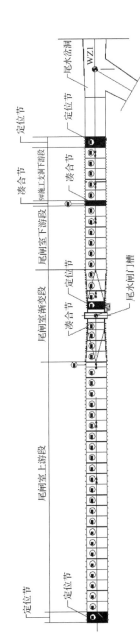

图 7-47　尾水系统天圆地方圆管典型结构布置简图

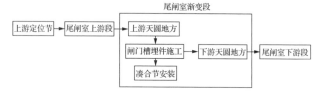

图 7-48　尾水天圆地方压力钢管安装工艺流程简图

3. 尾闸室渐变段安装

尾闸室段共分三个部分安装：上游侧天圆地方压力钢管安装、闸门埋件安装、下游侧天圆地方压力钢管安装。

（1）上游侧天圆地方压力钢管安装。上游侧天圆地方压力钢管安装共有 4 节，吊装可以优先采用闸门井布置的桥式起重机进行，或者从施工支洞翻身后运输到位进行安装，靠近闸门槽一节由于要与闸门埋件连接，实际上是一节凑合节，先瓦片运输到位进行临时存放，在闸门埋件安装完成后与埋件进行现场拼装焊接。

（2）闸门埋件的安装。闸门埋件从闸门井吊装入槽进行安装，先安装底槛埋件，再安装主反轨以及门楣，安装工艺与普通门槽埋件基本相同。

（3）凑合节的安装焊接。在门槽埋件安装完成后，在下游天圆地方钢管运输吊装的同时，就可以进行上游面天圆地方压力钢管与门槽埋件的拼装焊接作业，由于此段钢管为方形，并且与埋件直接焊接，因此拼装精度和焊接要求均很高，需要重点监控，焊缝间隙要控制在 3～5mm 之间，如果间隙过大，则需要进行堆焊，正式焊接工艺与普通凑合节一样，要防止焊接应力对门槽埋件造成焊接变形。

（4）下游侧天圆地方压力钢管安装。下游侧天圆地方压力钢管安装从施工支洞进入现场进行，首节与门槽埋件进行拼装焊接，合格后再依次安装后续钢管。如果条件允许，可以利用闸门井桥式起重机进行吊装，但是，需要在埋件安装前先将下游天圆地方钢管提前运输到位，并依次先下游水平滑移，临时存放在下游面一侧，待门槽埋件安装完成后，再向上游滑移安装。见图 7-49。

(5)闸室下游钢管安装。闸室下游钢管安装方法与其他钢管相同。

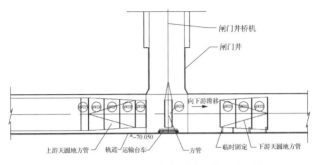

图 7-49　尾水天圆地方钢管吊装及滑移示意图

第十五节　压力钢管灌浆孔封堵施工

一、压力钢管灌浆孔封堵施工简述

压力管道灌浆设计需要根据建筑物的使用功能、设计施工方法等因素综合考虑,根据水电站压力管道结构布置、受力特点、防渗要求等,一般灌浆设计主要分为固结灌浆、回填灌浆、接触灌浆、阻水帷幕灌浆。根据灌浆设计,需要在压力钢管上进行开孔布置,灌浆完成后,灌浆孔封堵质量将显得很重要,一般在施工中容易忽视,甚至造成漏封、错开错封的现象。另外要避免在高强钢材质压力钢管上进行随意开灌浆孔,以免造成后期封堵困难。

二、压力钢管灌浆孔封堵施工工艺

下面以管节管壁材质为 Q345D 为例,说明灌浆孔封堵工艺和要求,见图 7-50。

(1)在灌浆施工时各作业面负责人应与灌浆施工相关负责人及时联系,督促每个灌浆孔回填灌浆完成后立即将封堵塞安装到位,工作面交接时确认封堵塞数量。

(2)个别封堵塞因混凝土和螺纹损坏等问题有安装难

度时,必须利用丝锥攻丝,将软铜垫圈和封堵塞安装到位。

(3) 软铜垫圈和封堵塞安装完成后,刨枪刨除封堵塞周圈。

(4) 利用角向磨光机将封堵塞和管壁刨除部位打磨处理,并用钢丝刷将四周锈迹清理干净。

(5) 进行封堵焊接施工时,管壁厚度≥30mm 需要焊前预热 80℃左右,焊材为 CHE-507R 焊条,具体详见图 7-50。

(6) 焊接完成后进行渗透探伤(PT),抽检数量不少于20%,当发现缺陷后进行 100%探伤。探伤完成后打磨处理干净,现场负责人通知防腐补漆。

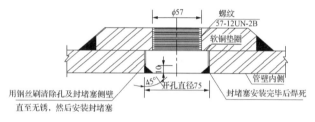

图 7-50   灌浆孔封堵示意图

第十六节   压力钢管安装施工安全控制措施

一、压力钢管安装通用安全措施

1. 施工安全管理

(1) 总则。在项目的施工过程中,在项目部统一领导下,认真贯彻"安全第一,预防为主"的方针,在思想上充分重视安全管理,在行动上落实安全管理。

建立工区安全管理体系,层层落实安全管理责任,强化安全管理工作,认真执行项目部根据国家和当地有关安全生产的政策、法令、法规、规范,并结合压力钢管安装施工实践经验总结出的一套行之有效的安全管理办法。

(2) 建立安全保证体系。建立本工区安全保证体系,层层落实安全生产责任制,强化安全员安全意识。工区设能胜任和具有大型安装工程安全管理经验的专职安全监督员2名,专门从事施工的事故防范,各施工班组设兼职安全员。

以工区主任为安全管理的第一责任人,工区主任对本工区的安全管理进行统一领导,建立起本工区的安全管理机构,把安全管理落到实处。工区专职安全员全面负责安全管理的日常工作,配备班组的兼职安全员,督促各方做好安全工作。班组兼职安全员在班长的领导下负责本班的安全管理工作。

2. 安全保证措施

(1)做好安全管理工作的"三个落实"。充分重视安全工作,做好安全管理的组织落实、技术落实、资金落实,保证安全管理工作的顺利开展。

(2)做好职工安全教育工作。坚持"安全第一、预防为主、综合治理"的方针,加强安全教育,努力做好对事故的预测、预控。充分利用交底、安全活动日、安全检查、安全工作指导书等各类活动,发动群众,有针对性的学习"安全规范"和上级有关安全文件,全面落实各项安全技术措施。

(3)抓住施工安全管理的"五个重点"。根据安装施工企业的特点,把消防防火工作、起重吊装作业及大件运输、高空作业、机动车辆管理、安全用电作为施工安全管理的重点,突出重点,涵盖施工的每个环节。

(4)贯彻班组安全管理的"四个坚持"。施工班组安全管理是整个施工安全管理的重要环节。坚持班前安排任务交代安全措施;坚持班中操作施工时安全员、班长检查安全;坚持下班前清理现场;坚持每周安全活动有主题、有记录。这"四个坚持"是班组安全管理的重点,也是搞好班组安全管理的基本要求。

(5)施工安全的一般要求:

1)实行安全一票否决权,禁止违章作业、违章指挥、违反劳动纪律。

2)每项工程施工前都要制订专门的安全防护措施,做好施工组织工作。防护措施要具体落实到每个施工人员。

3）施工班组每周召开一次安全会议，各部门每月召开一次安全会议，组织学习有关安全文件、知识，查找不安全因素并提出消除方案，予以消除。各作业班组在班前班后对该班的安全作业情况进行检查和总结，并及时处理作业中的问题。

4）对于大件运输、吊装，制定详细的方案，清理路障，检查并维护好起吊设备；运输前检查大件设备的捆扎是否牢靠，标志是否明显；运输过程中设小型车辆开道，并由专人监护指挥。

5）危险的孔洞应设置围栏等防护设施，危险场所应设置醒目的标志，以引起工作人员的注意。

6）根据现场作业种类和特点，并按照国家的劳动保护法发给施工人员相应的劳保用品。坚持进入施工现场的人员戴好安全帽，高空作业人员系好安全带或安全绳。

7）生活营地、施工现场设日常治安保卫岗。

8）遵守有关防火规定，施工现场及生活营地配备足够的灭火器材，消防器材管理要责任到人，消防设备器材随时检查保养。

9）脚手架搭设、大件运输、大件起吊、高空作业、停电作业必须设安全监护人，坚持安全监护人不能担任现场指挥或负责人的规定。

10）坚持高空作业、焊接、司机、起重架设等特种作业人员持证上岗。

11）强调登高人员必须自觉的在登高前认真检查现场安全，认定一切安全设施正常时方可登高。

12）坚持易燃、易爆、有毒物品的运输、存放、发放、领用的专人管理制度。做到领退料物账相符。

13）做好防暑降温、防寒防冻和中毒、蛇伤、地方病的防治工作。

二、压力钢管安装专项安全措施

1. 压力钢管公路运输安全措施

（1）钢管运输的工作量大，坡陡、弯急，并且钢管制造、安装、运输过程中的翻身避免不了，所以也是安全工作的重点之一。要选强度足够的吊具，严格按起重作业规范执行。

（2）参加钢管运输的相关人员，司机、装卸、指挥、运输等人员必须开班前会，明确分工，各司其责。

（3）运输车辆的刹车可靠、方向盘必须操作灵活，整体车况各项安全性能处于良好状态，同时备好枕木等。

（4）待运的钢管必须焊有装车的吊耳（吊耳在钢管出厂前焊接完毕）。

（5）装车时必须专人指挥，钢管中心必须对齐在车辆载重中心线上，钢管下方必须垫方木，钢管用钢丝绳捆绑牢靠，用倒链拉紧。

（6）运输车辆出厂，钢管边缘悬挂明显标记，运输途中勤于检查钢管是否松动，发现问题及时处理。

（7）钢管运输必须有开道车与押运车，专人监护。开道车负责疏导其他车辆，观察路况，查看路旁的建筑物、警示牌、各类横跨公路的线路等是否影响运输车辆，押运车在钢管运输车后，防止车辆在路况不允许的情况下超车，造成事故。开道车、押运车与钢管运输车用报话机随时保持联系。

（8）运输到施工便道处，重车不论上坡还是下坡，必须有其他车辆或相应的机械（推土机，挖掘机等）随时准备牵引，牵引时必须专人指挥。

（9）雷、雨、雪、大风、沙尘暴天气不得运输，施工专用路面有冰不得运输，夜间不得运输。

2. 压力钢管洞内运输安全措施

洞内现场钢管吊装及拖运，由于受空间条件限制，无法采用起重机械和运输机械，只能用地锚和卷扬机进行洞内卸车和洞内运输，故也是安全工作的重点，地锚的埋设不但要经过严格的受力计算设计，而且在投入使用前按起重机规程进行负荷试验，使用过程中进行定期检查维护。洞内钢管运输安全措施如下：

（1）钢管在运输前应通知相邻作业面人员，避免造成交通堵塞和施工过程中相互影响。

（2）钢管在运输前必须派专人进行运输轨道巡查，清除轨道上的杂物，检查轨道是否完好，轨道与轨道之间连接是否牢固。防止运输过程中钢管支腿上的轮跳槽，防止钢管倾翻。

（3）在钢管运输过程中卷扬机必须专人操作并设专人监护。指挥人员和卷扬机司机佩带对讲机，必须信号正确、清楚并保持通信畅通。

（4）卷扬机在第一次使用前进行静荷载实验。

（5）采用轨道车运输时，钢管用钢丝绳和导链牢固的固定在台车上。在运输过程中牵引挂在台车上。

（6）每节钢管在洞内运输前及运输后，起重人员必须对卷扬机的运行情况、导向轮工作情况、钢丝绳的完好情况进行检查。如发现问题及时处理，重要部件如果磨损较严重，必须更换。必须保证在钢管运输过程中的安全可靠性。

（7）在钢管运输前，采用模拟试运行的方法检查钢管在洞内运行通畅情况，在模拟顺利通过洞内的情况下，钢管实际运行时也将能顺利通过。如果出现卡住现象，应立即停止派人到卡住处检查并修复。竖井段钢管下放时人员不能待在钢管内随钢管一起运行。

（8）竖井段钢管运输采用四吊点，吊点处焊接吊耳，用于连接吊耳与钢丝绳之间的卡扣要全部扣满。所有用于连接卷扬机与钢管之间的钢丝绳、卡扣、吊耳均已核算，能确保钢管运输安全。

（9）钢管在洞内运输采用特制钢轮，轮两侧有挡块，防止钢管运输过程中脱轨。一旦钢管运输出现跳槽或发生侧翻，应立即停止钢管运输操作，组织人员前去处理，通过用千斤顶或导链等工具将钢管移到正常运行位置。施工人员到达处理现场后，首先做好安全防护，系好安全带、安全绳等，必要时搭设安全平台，所用的千斤顶等工具放在安全位置并用绳子拴住，在确保人员、设备安全的情况下方可进行处理。

（10）钢管在竖井的运输过程中运输钢管下部严禁站人。

（11）钢管在运输过程中设专人统一指挥，必须信号正确、清楚并保持通信畅通。

（12）安装、焊接、检验台车或其他附属物品随钢管运输时，一定要捆绑牢固，且保证其在钢管内位置相对固定，不发生来回晃动，以免坠落伤人、伤物，影响钢管的正常运输。

（13）钢管在对接过程中，下部施工人员严禁将头、手、脚伸到钢管的对接口内，防止轧伤。钢管在对接找正过程中必须用千斤顶或调圆装置进行调整矫正，严禁施工人员用手脚进行矫正。

（14）钢管在安装前，各种警示标志必须悬挂清楚。

3. 施工供电、供风安全技术措施

（1）施工供电：

1）电气作业人员定期进行身体检查，患有不适应症人员一律不准从事电气作业。电气作业人员必须经过专业培训，熟悉本专业安全操作规程，具备技术理论和实际操作技能，取得特种作业操作证书方可上岗。

2）在安装施工供电设施时，遇有易燃易爆气体场所，电气设备线路均应满足防火、防爆要求。接电动机械与电动工具的电气回路时，必须设开关或触电保护器，要一闸控制一台机，禁止一闸控制多台电动设备。安装手动操作开关或自动空气开关及管形熔断器时，必须使用绝缘工具。

3）施工用电设施用完后需拆除电气装置，不准留有带电的导线；必须保留时，一定要将裸露端包好，做出标记妥善放置。安装 110V 以上的灯具，只能作固定照明用，悬挂高度一般不准低于 2.5m，若低于 2.5m 时必须设保护罩，以防人员意外触电。混凝土仓面、机械检修车间等部位所用的工作行灯，必须使用 36V 以下的低压电。对于施工现场供电系统安装完毕后，必须有完整的系统图、布置图和竣工资料。现场施工电源设施要经常维护，对于变压器，每年雨季前必须做一次绝缘试验。

4）日常电工作业时，必须保证 2 人以上，1 人作业，1 人监护。禁止非电气作业人员从事电气作业。电气作业人员对于使用的工具必须经常进行检查，不合格品不准使用。电工登高作业,必须按要求系好安全带、脚扣、戴好安全帽。

5)立杆、架线、紧线作业要设专人统一指挥。跨越线路、公路、铁路、河流放线时,必须征得主管部门同意,并做好安全防范措施方可进行作业。靠近带电体作业时,人身与带电体间的最小安全距离必须满足下列规定:

当施工用 10kV 及以下变压器装于地面时,必须搭设有 0.5m 以上的高台,其周围需装栅栏,栅栏高度不低于 1.7m,与变压器外缘距离不少于 1m,并且要挂"止步、高压危险"的警示标志牌。安装避雷装置,其安装位置必须设在不经常通行的地方,避雷针及其接地装置与道路的距离不要小于 3m,小于 3m 时必须采取接地体局部深埋或铺沥清绝缘层等安全措施。

(2)施工供风与通风。供风用空压机站必须设在基础坚硬地势较高的位置。适当离开防振较高的安全场所。并远离易燃、易爆、腐蚀性、有毒气体和粉尘浓度较高的场所。空压机站要配备足够的防火、防洪用料。空压机站照明光线要充足,通风、散热良好,并有利于检修。储气罐设在机房外,距离不小于 2.5～3m。储气罐上必须装安全阀,安全阀排风量必须大于空压机排气量,储气罐每年进行一次压力试验。为防止环境污染,在空压机站设一废油池,按监理工程师指定的地点进行处理。

(3)排烟及除湿。焊接时排烟可以采用排气扇间隔 40m 接力向外进行排烟,如果焊接时风速超过规范要求,应该采取措施进行挡风,如果洞内安装管节位置湿度大于规范要求,在焊接部位进行临时封闭,并布置一台除湿机进行临时除湿工作。

(4)焊接加热。按照规范要求需要进行加热的焊接作业,焊接加热采用电加热板,焊接前,沿焊接部位四周进行布设,满足加热要求,加热时有专人进行监控,随时调整,保证预热和后热满足规范要求。

4. 环境、职业健康安全

(1)建立健全安全管理体系,强化安全知识教育,培养全体员工的安全意识,确保安全生产无事故。健全安全组织机构,完善工作制度。做到每班作业都有安全监察员,安监人员每天巡视各作业面,检查施工现场的安全情况及是否有违章作业情况,一旦发现及时制止。

(2)施工班组每周一召开一次安全生产会议,对上周安全工作进行检查及总结,布置本周安全工作,把事故隐患消灭在萌芽状态中。制定各工作面、各工序的安全生产规程,经常组织作业人员进行安全学习,尤其是对新进厂的职工要坚持先进行安全生产基本常识的教育后才允许上岗。施工人员应戴牌进厂,特殊工种必须持证上岗,并严格按各工种的安全操作规程施工。

(3)工程技术人员应根据工程特点做好安全技术交底。

(4)施工现场人员要发放本工种所需的劳保护具、用品,作业人员必须配戴安全帽,凡属高空作业必须佩戴安全带。设立足够的安全标志、警示标志及信号,防止各类安全事故的发生。凡可能漏电伤人或易受雷击的电器设备及建筑物均应设置接地或避雷装置,定期派专人检查这些装置的效果并及时更换失效的装置。在现场及生活区均设有足够的防火设备、器材,满足消防规程要求。在油漆存放厂设禁火标识及足够的防火设备、工具及器材,杜绝火灾事故的发生。

(5)钢管制造厂布置应合理,材料设备摆放应整齐,钢管厂内设置安全通道,并保证其畅通。钢管制作后的存放应平稳,防止倾倒和滚动。

(6)起吊设备、卷扬机、吊装工具、锚点等在使用前必须通过安全小组的安全验收,且使用过程中定期组织人员进行检查,发现问题及时处理。

(7)钢管在引水隧洞内运输时必须协调指挥,卷扬机运行时禁止跨越和触及钢丝绳。

(8)钢管安装时发现岩石松动或有塌方迹象,应立即撤离危险区,及时进行处理。钢管上焊接的吊耳,焊后必须认真检查,确认牢固后方可使用。氧气、乙炔应分开存放,设专人管理。在存放区设有禁火标志和防火设施。

第八章

水利水电工程启闭机安装

第一节 水利水电工程启闭机安装基本知识

一、总体介绍

启闭机是水利、水电工程专用的永久设备,用于实现闸门的开启和关闭,以及拦污栅的起吊与安放。按启闭机的类型可分为固定卷扬式启闭机、移动式启闭机、液压启闭机及螺杆启闭机,目前螺杆启闭机主要用于水库、灌区的闸门启闭,在水力发电项目上使用较少。由于启闭机的特殊作用,使得启闭机的安装显得尤为重要。本章就各类型启闭机的安装,结合工程实践进行归纳总结,以期为现场施工提供帮助。

二、安装实例

1. 固定卷扬启闭机

固定卷扬启闭机按照吊点可以分为双吊点卷扬启闭机和单吊点卷扬启闭机。单吊点卷扬启闭机见图 8-1,双吊点卷扬启闭机见图 8-2。

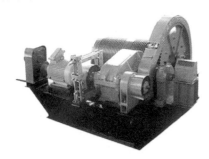

图 8-1　单吊点卷扬启闭机

图 8-2　双吊点卷扬启闭机

2. 移动式启闭机

移动式启闭机在水利水电工程中,按照结构形式可以分为桥式启闭机和门式启闭机,主要用于大坝闸门的启闭,它们的共同特点是:底部铺设有移动钢轨道,设备底部行走机构,可沿轨道进行移动。简易移动启闭机见图 8-3,安装实例见图 8-4、图 8-5。

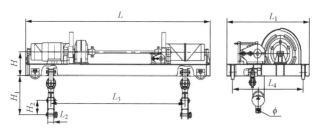

图 8-3　简易桥式移动启闭机简图

图 8-4　吊装弧形闸门的工程图片

图 8-5　吊装闸门工程图片

3. 液压启闭机

液压启闭机主要用于启闭平板闸门及弧形闸门,一般启闭弧形闸门的启闭机在大坝上布置有专门的启闭机室,以及专用管路、油缸系统等,也有固定式液压启闭机,用于启闭闸门。

液压启闭机一般由液压系统和液压缸组成。在液压系统的控制下,液压缸内的活塞体内壁做轴向往复运动,从而带动连接在活塞上的连杆和闸门做直线运动,以达到开启、关闭孔口的目的,见图 8-6。

图 8-6　液压启闭机启闭弧形闸门现场照片

（1）构造组成。液压系统包括动力装置、控制调节装置、辅助装置等，多套启闭机可共用一个液压系统。

（2）工作原理。动力装置一般为液压泵，它把机械能转化为液压能。液压泵一般采用容积式泵，如叶片泵和柱塞泵。叶片泵和柱塞泵有结构紧凑、运转平稳、噪声较小、使用寿命长等优点。柱塞泵虽然价格较高，但可以得到高压、大流量，且流量可调。近年来国内液压启闭机普通采用中高压，所以大多数采用柱塞泵。另外，因其重要性，液压启闭机的液压系统一般设置两套液压泵，互为备用，泵站见图 8-7。

图 8-7　液压泵站厂内调试

（3）控制装置。控制调节装置是指液压控制阀组，包括节流阀、换向阀、溢流阀等阀组，其作用是对液压油的流量、方向、压力等方面各自起控制调节作用，以实现对液压系统的各种性能要求。启闭机上液压控制阀大多数是标准元件，并普通采用插装技术。插装阀具有组合机能强、集成度高、噪声低、密封性好、机构紧凑等优点。选择不同结构及形式的先导控制阀、控制盖及集成块与插装件组合，便可获得具有换向、调压、调速等功能的插装阀组。双吊点的液压启闭机因不能像卷扬式启闭机一样采用机械同步，故控制阀组需考虑同步措施。

（4）辅助装置。辅助装置包括油箱、油管、管接头、压力表、滤油器等。油箱的用途是储油和散热，并能沉淀油中杂质,分离油中的空气和水分等。油管、管接头把动力装置、调节控制装置、液压缸连接起来,组成一个完整的液压系统,液压油中杂质会使运动零件磨损,增加泄漏和减少元件的寿命,甚至堵塞阀组等,影响液压系统的使用,设置滤油器对液压油进行过滤是十分必要的。

(5) 按液压缸分类。液压缸是液压传动中的执行元件,把液压油的液压能转化为机械能。液压缸由缸体、端盖、活塞、活塞杆、吊头等零件组成。根据液压缸内压力油的作用可分为单作用液压缸和双作用液压缸两类。单作用液压缸常是柱塞式或者套筒,也可以是活塞式。双作用液压缸形成两个油腔,两个油腔都可以进出压力油,液压缸见图 8-8。

图 8-8　液压油缸组件

(6) 维护保养。液压系统调试完毕后,应对油箱中油液进行更换,初次使用半年后应更换一次油液,以后每隔一年更换一次,每次换油时都要对油箱内部进行清洗,以保证液压系统的正常工作;对所有滤油器滤芯定期进行清洗,如果滤芯堵塞严重或者已损坏,应及时清洗或更换。

4. 螺杆启闭机

螺杆式启闭机适用于水利、水电、市政建设、水产养殖及农田水利建设工程。自锁性能好,可使闸门停留在任何位置。具有手动和电动两种可能,螺杆启闭机见图 8-9,工程实例见图 8-10。

图 8-9　手电两用螺杆式启闭机

图 8-10　螺杆式启闭机工程运用实例

第二节　水利水电工程启闭机安装主要设备介绍

一、水利水电工程启闭机安装的主要设备

启闭机安装主要设备有起重设备、安装设备、运输设备、测量设备以及其他设备等,起重设备一般采用施工现场土建吊装施工设备,运输设备要根据现场道路及运输重量确定,安装设备包括焊接设备、调整设备等,有的设备如扭力扳手由设备厂家提供,随设备到货一起装箱,其他常用设备可以与闸门安装设备共用。

二、主要设备介绍以及选用原则

1. 起重设备

启闭机安装主要起重设备有汽车起重机、塔式起重机、施工门机（和土建施工单位共用的起吊设备）、电动葫芦、手拉葫芦等。

在安装施工中，起吊设备的选择要根据施工环境和起吊重量、起吊材料综合选择，首先要确保设备和人员的安全，起吊重量大于 5t 以上，优先选用施工门机、施工塔机进行吊装，其次采用汽车吊进行吊装；重量较轻的安装设备，可以采用电动葫芦、手动葫芦进行安装调整，但是要注意校核重量以及确保足够的安全系数。

2. 安装施工设备

启闭机安装的施工设备主要有电焊机、空压机、扭力扳手等，电焊机主要用来进行设备结构件的焊接，常用的电焊机有直流电焊机、交流电焊机、交直流两用电焊机，空压机主要用于焊缝的气刨清根，以及防腐施工，扭力扳手用于高强螺栓连接。

3. 运输设备

运输设备主要是平板货车、载重汽车等，施工现场需要根据运输重量及材料进行选择。

4. 测量设备

启闭机安装的测量设备主要有水准仪、塞尺、经纬仪、全站仪，以及钢琴线、吊坠、油桶等。全站仪主要用于安装主要控制点的测量，塞尺用于测量齿轮啮合间隙，在控制点放线完成后，现场利用水准仪测量高程和水平度，辅助钢丝线、线坠等进行设备的精确安装。

5. 其他设备

启闭机安装的其他设备包括螺旋千斤顶、缆绳、割枪、加固用型钢、油箱、注油机、探伤设备等，设备及工器具的选用应结合被安装启闭机的规格、安装作业指导书、安全施工措施等因素选用。

其中一类、二类焊缝根据规范需要进行无损探伤检测，主要设备为超声波检测设备、射线检测设备、TOFD 检测设备、PT、MP 检测设备等,具体选择要根据焊缝的重要程度以及设计图纸要求决定。

第三节 启闭机轨道安装工程

一、安装流程

启闭机轨道安装的质量,直接影响后续启闭机运行的平稳以及安全,因此要引起高度重视。从前期的测量放线到安装调整,后期的混凝土回填均要严格控制。启闭机按照施工过程主要流程见图 8-11。

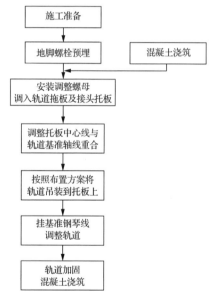

图 8-11 启闭机轨道安装流程图

二、安装施工准备

(1) 清理现场杂物、油污等,确保施工现场的清洁和安全。

(2) 二期埋件安装前要检查一期混凝土浇筑的质量、尺寸偏差,发现超差部分应及时通知土建施工相关部门进行处理,达到安装要求。

(3) 按图纸和规范要求检查一期埋件插筋的规格、数量、尺寸。对于欠埋的插筋要进行钻孔补装;对于露出混凝土面长度不足的插筋进行加长处理;对于超长的插筋进行割除矫正,保证二期埋件顺利安装。

(4) 到货的埋件进行仔细的检查验收,首先按编号清点数量,缺失的部件及时进行补齐;其次检查埋件的质量,按照埋件制造规范《水电工程启闭机制造安装及验收规范》(NB/T 35051—2015)进行验收,先进行外观检查,发现不合格或在运输中变形的埋件,必须进行处理。用钢丝和钢板尺检查其平面度和扭曲度,合格后方能安装。

(5) 安装用的测量工具,包括经纬仪、水准仪、塞尺、钢卷尺、钢板尺等必须经国家批准的计量检定机构检定合格。

(6) 检查施工用的设备、工具、卡具、吊索、钢丝绳等,要有足够的安全系数。

(7) 焊工、起重工、电工必须持证上岗。

三、测量放线

依据图纸,用全站仪找出安装基准点,确定轨道中心基准。在单边轨道前端和后端制作两个门型架用于找轨道水平及中心位置,门型架的设置需配合水准仪测量。另一侧轨道用相同的方法进行。基准点和轨道面之间的距离为50mm。测量人员对测量点进行复核,确保上两侧基准点之间的轨距同设计值相符。

四、轨道埋件安装

按照图示要求安装轨道埋件,根据测量放线控制高程、水平以及埋件间距,为后续安装轨道托板创造良好条件。

(1) 首先按图纸要求将螺柱与一期插筋焊接,保证搭接焊长度不少于125mm,轨道接逢处的螺柱尺寸如果达不到设计要求,可在此部位加焊角钢作为横向连接,每根角钢搭接3根插筋,确保连接强度。

(2) 其次安装轨道垫板,利用螺母调整其高度,检查上下游垫板的中心距离,为了二期浇筑时避免混凝土超出轨道地面,可将轨道临时固定在垫板上,用压板稍稍带紧,将螺栓丝扣部位进行有效保护,防止浇筑时破坏。

(3)最后进行轨道埋件浇筑,浇筑时注意混凝土不得超过垫板上端面,振捣时不得使螺柱发生变形,注意对轨道坑内排水管进行保护,防止将管口堵塞,浇筑完成后进行埋件各尺寸的复查。

五、轨道安装

1. 轨道吊装

(1)轨道吊装在土建轨道梁安装并调整完毕后进行,土建轨道梁底部和排架柱顶端埋件之间的间隙应处理密实。

(2)对轨道的型号、规格、材质、制造质量和锈蚀情况进行检查,检查合格后方可进行安装。对轨道弯曲情况进行校正,轨道校正采用冷校正,严禁采用加热校正的方法。扭曲的轨道不应使用。轨道安装时严禁在任意部位进行焊接或其他加热措施。

(3)按照布置方案用汽车起重机吊装轨道,放置在轨道托板上,两侧轨道断面上的接头位置应错开,错开距离不能等于桥机前后车轮的轮距。

2. 轨道调整定位

(1)挂基准钢琴线,使用托板和压板调整轨道。

(2)轨道调整完毕后接地,接地施工严格按图纸或相关技术规定实施。

3. 轨道检查加固

(1)调整定位的轨道应及时进行加固,用扭力扳手压紧轨道压板。

(2)在启闭机轨道左右端部安装车挡,车挡使用地脚螺栓固定,车挡与轨道纵轴线应垂直,同侧的两个车挡应在同一个平面内。

(3)调整固定完毕后浇筑基础混凝土。

(4)启闭机运行后,将启闭机移动到车挡处,检查两个车挡与启闭机的两个缓冲器是否同时接触,如果存在偏差应进行调整。

第四节 桥式启闭机安装工程

一、桥式启闭机安装流程

桥式启闭机安装流程见图 8-12。

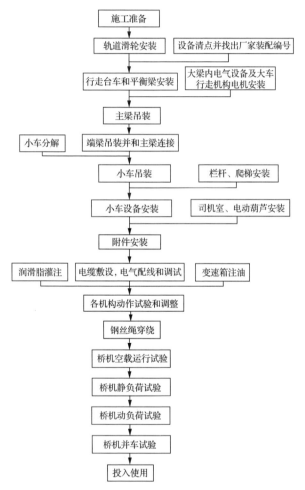

图 8-12　桥式启闭机安装流程图（以双主梁结构形式为例）

二、大车行走机构安装

1. 桥式启闭机大车行走台车吊装

按照桥式启闭机安装方向分别吊装桥式启闭机大车行走台车,台车落在轨道上之后将台车调平,将同一台桥式启闭机4个行走台车的中心距离和对角线距离调整至符合图纸数值,最后将台车用角钢同基础固定。

2. 桥式启闭机主梁吊装

(1)桥式启闭机机架吊装之前先根据现场空间大小、卸车要求及机架尺寸大小,提前确定汽车吊的位置。

(2)桥式启闭机机架用平板货车运至安装现场后,其停车位置及与吊车之间的距离应能满足起吊要求,将机架两端对称布置的起吊钢丝绳悬挂于汽车吊大钩上,在桥架上挂缆绳,用以在吊装过程中稳定大梁的位置。

(3)缓慢提升起吊主钩,在桥架离开货车后将货车开离安装场。

(4)待起吊高度超过桥式启闭机轨道顶面高程后,旋转桥架吊装位置,使其与轨道轴线垂直,将桥式启闭机大梁缓慢落到行走台车上,安装大梁和行走台车的连接销钉,安装销钉两端的锁定板。

(5)在大梁和台车顶板之间塞入钢板和楔子板等,将大梁调平。

(6)调整同一台桥式启闭机两个大梁之间的实际距离同端梁长度匹配。

3. 端梁吊装

(1)用平板货车将端梁运入安装场。

(2)使用汽车吊分别吊装端梁。

(3)端梁吊装到位后同主梁组合,组合螺栓按照设计要求安装并打紧。

(4)按出厂编号吊装端梁并和桥架主梁组合。

4. 大车桥架检查

对组合后的桥式启闭机大车桥架的各项参数进行测量和检查,确认无误后进行小车架吊装。

三、起升机构安装

桥式启闭机起升机构有位于主梁下方的电动葫芦及主梁上方的行走台车,电动葫芦由汽车吊和手拉葫芦配合,在桥式启闭机主梁端头的工作平台上进行组装。行走台车根据厂家到货情况,按照厂家图纸及技术要求组装成易于吊装的装配件后,按照吊装方案吊装至主梁轨道上,并进行卷筒、电动机、变速箱等的组装联结。

四、移动小车安装

1. 小车架吊装

将小车架运至现场,使用汽车吊将小车架吊起,落在桥式启闭机大车桥架上的轨道面上。如果小车为整体到货,为满足吊装需要,可将小车上的卷筒、电动机、变速箱拆除。

2. 小车组件吊装

分别将小车的卷筒、电动机、变速箱等组件吊装到位,调整各个组件的位置和水平度等位置偏差,满足规范要求后与小车架连接。

五、电气安装

(1)按照施工图纸及厂家技术资料进行控制箱(柜)的安装。

(2)敷设电缆应按施工图纸进行,电缆应排列整齐,固定牢固。按要求挂电缆标示牌,标示牌正确,字迹清晰。

(3)二次接线应正确,配线整齐,连接牢固、可靠。线芯编号正确,字迹清晰,工艺美观。所有号头一律用字号打印机打印。

(4)按厂家技术图纸及设计院设计图进行盘柜内线、元器件的检查。

(5)配线结束后进行盘外引线的对线检查,应准确无误。线芯编号正确,字迹清晰。

(6)用绝缘摇表测量各电气回路对地、回路间的绝缘电阻,阻值应符合规范要求。

(7)PLC上电,进行程序调试及 I/O 接口的点对点的核对。

（8）断开电机主回路电源，分别进行单车的大车、小车、主起升控制回路通电模拟试验，检查各元器件的动作应正确、可靠，信号完整。检查故障报警显示系统工作应正常。

（9）用绝缘摇表测量电机绝缘应满足要求。

（10）电气设备安装完成后，全面检查电气元件的绝缘性能及接线情况，电源滑线的安装应符合相关技术要求。

六、桥式启闭机调试运行

1. 桥式启闭机试运转

（1）行走机构检查。

（2）对轨道进行清理和检查，确认不影响桥式启闭机通过。

（3）认真检查桥式启闭机通道上无脚手架等障碍物。

（4）检查桥式启闭机和固定件之间的连接已清除。

2. 行走机构试运转

（1）合主回路电源，指派专人监护电源电缆。

（2）操作桥式启闭机大车行走机构，分别向前后方向运动。操作小车行走机构，分别向左右方向运动。

3. 主要检查以下项目

（1）操纵机构的操作方向应与机构的实际动作方向一致。

（2）大车和小车行走时不应啃轨。

（3）各制动器应动作灵活、可靠。

（4）电机工作正常，电机无异常卡阻、响声及发热现象。

（5）各减速箱、联轴器工作正常，不应出现异常声音和温升。

（6）减速器密封处不应有渗漏油现象。

（7）所有连接部位和紧固件不应有松动现象。

4. 电动葫芦动作试验

（1）动作试验。操作电动葫芦行走机构和起升机构，检查各机构动作是否正常，检查限位装置动作是否灵敏可靠。

（2）负荷试验。检查电动葫芦在额定荷载下行走机构和起升机构的动作情况，检查抱闸是否灵敏可靠。

5. 起升机构通电试验

在起升电机和联轴器脱开的情况下,进行电机无载调试,检查变频器和电机的运行参数符合厂家设计要求。安装起升电机联轴器,进行空载动作实验,检查变频器和电机的运行参数,检查起升机构动作情况。

6. 钢丝绳和吊钩安装

(1) 将钢丝绳从绳盘上退下,以便将钢丝绳内的扭结力释放。根据绳盘上的钢丝绳缠绕的圈数计算钢丝绳的总长度,再根据起升机构钢丝绳的股数和要求的起升总高度,验算钢丝绳的总长度是否满足要求。

(2) 将主钩、副钩及动滑轮组垂直放置,用角钢支护,防止倾倒。

(3) 将钢丝绳按照设计图纸要求在定滑轮组、动滑轮组和平衡轮之间穿绕,穿绕时在钢丝绳头绑扎麻绳,便于穿过滑轮。

(4) 钢丝绳穿过所有滑轮之后,将两个绳头使用压板固定在起升机构卷筒上,启动起升机构,将剩余钢丝绳收集在卷筒上,最后将动滑轮组提起。

(5) 安装主钩和副钩。

7. 起升机构空载试验

起升机构做升降试验,检查电机、联轴器、变频器等工作是否正常。检查限位装置是否动作灵敏可靠。检查在升降过程中,钢丝绳与固定设备之间是否保持一定距离、无摩擦现象。

8. 负荷试验

(1) 静负荷试验:

1) 在桥式启闭机轨道梁上架设水准仪,在桥式启闭机主梁上做出测量基准点,读取原始数据。

2) 桥式启闭机主钩依次起吊额定起重量的 75%、100%,小车在桥架全长上往返运行,检查各部分运行情况是否正常,每次起吊正常后才能进入下一个重量级别的起吊。

3) 小车停在跨端,测量工测量并读取数据。

4）将小车停在跨中，起吊 125％的额定起重量，离地面约 200mm，停留 10min，然后卸去荷载，测量桥架是否有永久变形。

5）将桥式启闭机小车停在桥式启闭机跨端，测量并计算实际上拱值，应不小于设计及规范要求。

6）将小车停在跨中，起升额定起重量，测量并计算主梁挠度值，数值不应大于设计及规范要求。

7）在试验过程中各机构应运行稳定，无异常。桥式启闭机各部位不得有开裂、连接松动、损坏等缺陷出现。

（2）动负荷试验：

1）按照设计要求的机构组合方式同时开动两个机构，做重复的启动、运转、停车、起升、下落等动作，持续工作不少于 1h。

2）在连续工作中，桥式启闭机各机构应动作灵敏，工作平稳可靠，各限位开关及安全保护联锁装置应动作可靠正确，各连接处不得松动，各部件应无开裂等损坏现象。电动机、联轴器及减速器温升不能超过 40℃。电气设备应工作正常，无异常的发热等故障。

第五节　门式启闭机安装工程

一、门式启闭机安装流程
门式启闭机安装流程见图 8-13。

二、安装前施工准备
（1）熟悉门式启闭机图纸、工作原理及使用说明书，安装前编制安装施工组织设计、质量安全保证措施等，报监理工程师审批。

（2）对相关人员进行技术安全交底，重点部位施工检查要点。

（3）对照设计图纸及装箱清单，清理检查各零部件数量及外观。检查构件编号是否正确以及是否符合有关标准规定的质量要求，然后方可投入安装。

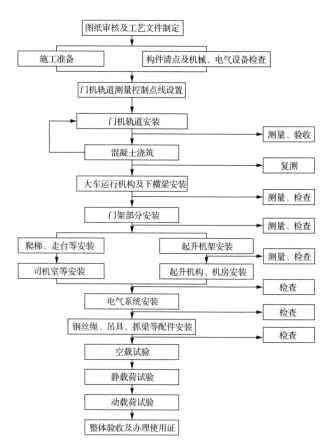

图 8-13　门式启闭机安装工艺流程图(以双梁门式启闭机为例)

（4）准备所需工器具，接通施工电源，测量器具经有关部门校验合格。

（5）在坝顶门机安装部位预埋地锚，以备门机安装时稳固之用。在门腿、主梁等大件上焊接吊耳等附件，用于吊装、加固及搭设操作平台等。

（6）门机安装前清理门机安装平台，检查该处门机轨道的跨度、水平度、直线度等数值，供门机安装时参考；在门机轨道及坝面上合适部位的刚性物体上设测量控制点线。

（7）针对门机大件如主梁的运输，需要制定专门方案，确保运输中的安全；对施工道路进行现场勘测，重点检查转弯半径、超长件、超超重件的运输，具体运输捆扎见图8-14。

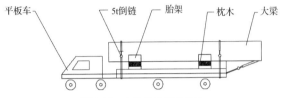

图 8-14　大件运输捆扎简图

三、测量放点

门式启闭机安装测量放点主要为后续安装提供测量基准，测量放点多少根据门机安装需要，一般可按照图8-15进行放点，基本可以满足安装需要，图中O点为门机安装中心点，B点为门机轮距中心点，A点为安装过程中的测量校核点，所有测量点沿轨道两侧对称布置。

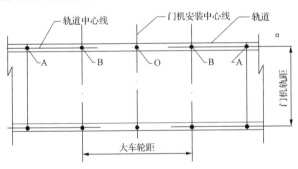

图 8-15　门式启闭机测量放点简图

四、大车行走机构安装

1. 安装顺序

（1）大车运行机构安装时将每个门腿下的支座、平衡梁、行走轮等装配为一体，整体吊装，即总共4个车轮组安装单元。

（2）安装前在轨道上用钢卷尺、经纬仪等仪器找出 4 个测量点，每个测量点距相应的车轮组安装中心线有一定的距离。以便安装时以此为基准测量、调整每个车轮组位置，测量尺寸见图 8-16。

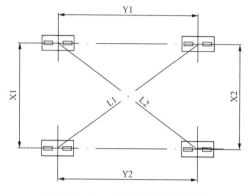

图 8-16　行走机构安装尺寸控制简图

（3）安装时行走轮座在门机轨道上，上、下游方向根据轨道中心（并根据轨道实测偏差予以纠偏）调整，左右岸方向根据所放测量点调整，用楔铁垫稳，上、下游方向用型钢或枕木支撑。同时在支座中心处测量跨距、基距及对角线偏差等尺寸，满足设计文件及图纸的规定，调整加固见图 8-17，采用丝杠连接可以方便台车左右调整。

2. 检查项目

行走结构安装完成后，检查测量项目如下：

（1）门机跨度小于或等于 10m 时，其跨度偏差不得大于 ±5mm，两侧跨度相对差不大于 5mm；当跨度大于 10m 时，其跨度偏差不得大于 ±8mm，两侧跨度相对差不大于 8mm。

（2）大车运行机构安装后，所有车轮必须同时与轨面接触，不允许有车轮不着轨的现象。

（3）车轮踏面垂直对称面与轨道中心线偏差不大于 2mm，且同侧轨道上车轮偏差应在轨道中心线的同侧。

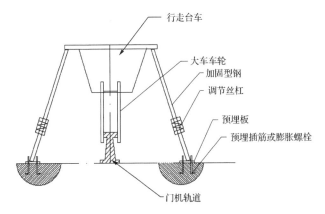

图 8-17　行走机构安装支撑加固简图

（4）大车运行机构安装后，车轮只允许车轮下轮缘向内偏斜。

（5）车轮的垂直偏斜 $a \leqslant l/400$，l 为测量长度，在车轮架空的情况下测量，见图 8-18；车轮的水平偏斜 $P \leqslant l/1000$，l 为测量长度，在同一轴线上一对车轮的偏斜方向应相反，见图 8-19。

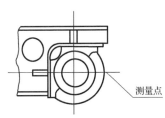

图 8-18　车轮垂直偏斜测量

（6）同一端梁下，车轮的同位差：两个车轮不得大于 2mm，三个以上车轮不得大于 3mm，在同一平衡梁下不得大于 1mm，见图 8-20。

（7）其余安装偏差参照设计图纸、门机安装说明书及 NB/T 35051—2015、《水电站门式起重机》(JB/T 6128—2008)有关条款执行。

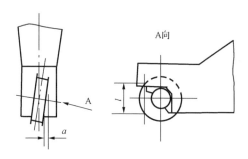

图 8-19　车轮水平偏斜测量

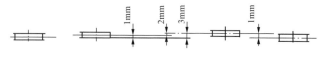

图 8-20　车轮的同位差

五、门架安装

门架安装主要包括下横梁的安装、左右门腿安装、主梁安装、左右端梁安装。

1. 下横梁安装

安装下横梁后，再次测量各项偏差，合格后用型钢加固连接牢靠，加固用 20♯工字钢或槽钢，底部用丝杠连接，以调整门腿空间尺寸。

2. 左右门腿的安装

（1）单侧门腿及中横梁拼装：即将每条轨道上的两个门腿及中横梁拼装为一体，拼装位置在门机安装部位的两轨道之间，拼装时按出厂对口标记组装，测量对角线、扭曲等偏差，按设计要求用高强螺栓连接，见图 8-21。

（2）单侧门腿及中横梁整体吊装到底横梁上，两侧用缆绳稳固，用经纬仪、水平仪、挂铅锤线等方法调整其垂直度、顶面平面度、对角线等偏差，满足设计文件及厂家图纸的要求，用螺栓与底横梁连接。

（3）在门腿上端法兰下部装焊脚手架、铺脚踏板。

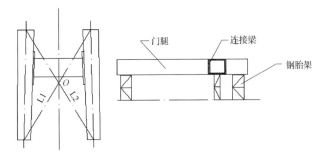

图 8-21　门腿拼装机测量简图

（4）吊装门腿，利用施工门机或者施工塔机将拼装合格的门腿吊装到下横梁上固定，由于门腿是主梁安装的基础，需要支撑牢靠，门腿支撑有两种常用方式：一是用缆风绳进行加固，但是这种方法在施工位置狭小部位受限，对施工门机运行道路影响较大，见图 8-22；二是采用在门机内部支撑，型钢配合丝杠进行调整，这种方式优点是不受地形限制，门腿调整采用丝杠，见图 8-23。

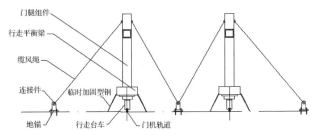

图 8-22　门腿安装加固方式 1（缆风绳）

3. 主梁安装

如果是单根主梁，可以直接吊装调整，本例为双主梁结构门机，需要先安装一侧主梁，再安装另一侧主梁，两主梁间预留一定间隙，在端梁安装时进行精确调整，双机抬吊示意见图 8-24。为确保吊装安全，两台起重机所受载荷不宜超过其额定起重量的 75%。

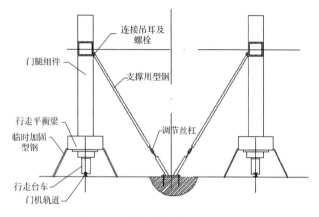

图 8-23　门腿加固方式 2（型钢丝杠）

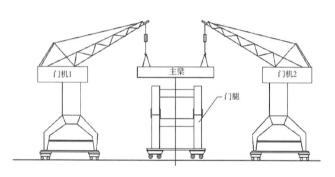

图 8-24　双机抬吊主梁示意图

（1）如果主梁分节到货，需要在现场进行拼装，单根主梁在尽量靠近走轮的位置拼装，检测主梁拱度、上翘度、扭曲等满足要求。

（2）拼装后的主梁整体吊装，起吊时钢丝绳应锁紧，主梁应保持平衡、水平，两端应系麻绳，防止主梁起吊时大幅度摆动。主梁起吊座在门腿顶部后进行调整，焊接定位板，调整顶面高差、对角线等偏差后与门腿焊接或螺栓连接。

（3）吊装另一侧主梁，预留一定间隙，为端梁安装提供空间。

（4）端梁安装，吊装两根端梁，一端与定位的主梁进行连接，另一端先临时定位，再将主梁靠近端梁进行安装调整。

4. 门架整体尺寸检查

门架安装完成后，检查整体尺寸，主要检查项目及要求：

（1）两主梁对角线误差不大于 $D_1 - D_2 \leqslant 5\text{mm}$，见图 8-25。

（2）主梁跨中上拱度 $F = (0.9 - 1.4)L/1000$，最大上拱度应在跨中 $L/10$ 的范围内测量，见图 8-26。

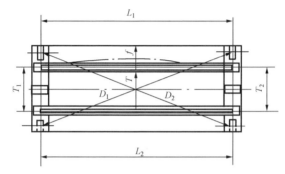

图 8-25　主梁对角线测量示意

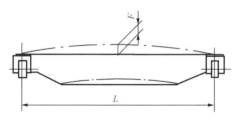

图 8-26　主梁上拱度测量示意

5. 门腿与主梁的焊接

主梁与门腿焊接连接时，焊前清理打磨坡口，检查坡口角度和间隙，若间隙过大，应先进行堆焊并打磨，符合要求后才可焊接。焊接时由 4 名合格焊工在 4 个门腿上同时对称施焊，每个焊工在每个连接点的 4 条焊缝焊接时也应对称施焊，严格按制定的焊接工艺执行，防止变形。焊接完成后按设计规定进行焊缝外观检查和无损探伤检查。

六、起升机构安装

起升机构通常为移动小车形式,如果小车架整体到货,可以一次吊装到位进行调整,如果小车架整体重量及尺寸较大,分节到货,需要在安装现场进行拼装,起升机架先在地面组装好,整体吊放在主梁上。等机房内起升机构、电器设备等吊放到位后,吊装侧墙及顶盖等。

移动小车主要检查项目详见 NB/T 35051—2015 有关条款。

七、高强螺栓连接

1. 安装工艺方法

(1)工艺流程:检查连接面、清除飞刺和除锈→用钢钎或冲子对正孔位→安装普通螺栓→校正构件准确方位→紧固普通螺栓→安装高强度螺栓(用高强度螺栓换下普通螺栓)→高强度螺栓初拧→复拧→终拧。

(2)高强度螺栓连接副(包括一个螺栓、一个螺母和一个垫圈)应在同一个包装箱中配套使用,不得互换。

(3)安装高强螺栓,应用尖头撬棒及冲子对正上下左右或前后连接板的螺孔,将螺栓自由投入。

(4)对连接构件不重合的孔,应用钻头或铰刀扩孔或修孔,使其符合要求时进行安装。

(5)高强螺栓应顺畅穿入孔内,不得强行敲打,在同一连接面上传入方向一致,以便于操作。

(6)安装时临时螺栓可用普通螺栓,亦可用高强螺栓,其穿入数量不得少于安装孔总数的 1/3,且不少于 2 个螺栓。

2. 高强螺栓连接的紧固方法和要求

(1)高强螺栓的紧固,应该分三次拧紧(即初拧、复拧和终拧),每组拧紧顺序应从节点中心开始逐步向边缘两端施拧。整体结构的不同连接位置或同一节点的不同位置有两个连接构件时,应先紧主要构件,再紧次要构件。

(2)当日安装的螺栓在当日终拧完成,以防止构件摩擦面、螺纹沾污、生锈和螺栓漏拧。

（3）螺栓初拧、复拧、终拧后，要做出不同标记，以便识别，避免重拧或漏拧，并在48h内进行终拧力矩检查。

（4）高强螺栓宜用电动扳手进行，如用手动扳手紧固，终拧力矩应该符合设计要求，终拧后外露螺扣不得少于两扣。

3. 高强螺栓紧固轴力

通过试验测定高强螺栓紧固扭矩值，再按下式计算导入螺栓中的紧固力。

$$P = M/kd \qquad (8-1)$$

式中：P——高强螺栓的紧固轴力，kN；

M——加于螺母上的紧固扭矩值，kN·m；

k——扭矩系数；

d——螺栓公称直径，mm。

常温下高强螺栓的紧固力应符合表8-1的规定。

表 8-1　　　　　　　　　　紧固轴力

螺栓公称直径 d/mm	紧固力平均值/kN	螺栓公称直径 d/mm	紧固力平均值/kN
M16	107.9～130.4	M22	207.9～251.1
M20	168.7～203.0	M24	242.2～292.2

4. 力矩值的计算

初拧、复拧、终拧后，对于大六角头螺栓尚需要在终拧后进行力矩值检查。

（1）初拧扭矩值计算。

扭剪型高强度螺栓的初拧扭矩：

$$M = 0.065 P_c d \qquad (8-2)$$

其中，

$$P_c = P + \Delta P \qquad (8-3)$$

式中：M——扭剪型高强度螺栓的初拧扭矩，N·m；

P_c——高强度螺栓施工预拉力，kN，也可按表8-2选取；

d——螺栓公称直径，mm；

P——高强度螺栓设计预拉力，kN；

ΔP——预拉力损失值，一般取设计预拉力的5%～10%，kN。

螺栓性能	螺栓公称直径/mm						
等级	M12	M16	M20	(M22)	M24	(M27)	M30
8.8 级	45	75	120	150	170	225	275
10.9 级	60	110	170	210	250	320	390

（2）复拧扭矩值计算。初拧力矩为终拧力矩的 50%，复拧力矩为初拧力矩，因此复拧力矩为终拧力矩的 70%。

终拧力矩计算：

$$M_c = K_c P_c d \qquad (8-4)$$

其中，
$$P_c = P + \Delta P$$

式中：M_c——高强度大六角头螺栓的终拧扭矩，N·m；

      K_c——高强度螺栓连接副的扭矩系数平均值，一般取 0.13。

八、钢丝绳以及吊具等的安装

电气系统调试合格后，转动卷筒，缠绕钢丝绳。钢丝绳安装前应清洗干净并按规定涂抹油脂。钢丝绳缠绕型式、要求等按设计图样及《起重机钢丝绳保养、维护、安装、检验和报废》(GB/T 5972)有关条款执行。钢丝绳在缠绕过程中不许发生硬弯、扭结、砸扁平等有损钢丝绳强度和寿命的情况。钢丝绳的固定螺钉安装齐全，并应有防松装置。

钢丝绳安装工艺流程：吊装吊具在现场门机底部固定→安装引绳→转动卷筒带动引绳穿过卷筒和吊具→将引绳与钢丝绳连接→继续转动卷筒穿过吊具→拆除引绳→继续转动卷筒完成钢丝绳的安装。具体安装工艺顺序如下：将动滑轮和吊具运输到安装现场门机底部，在各自卷筒下方用型钢临时固定，确保钢丝绳在缠绕时不会发生摆动。

1. 安装引绳

大型门机钢丝绳往往直径较大，长度较长，直接安装难度很大，根据施工经验，一般需要准备若干长度的引绳进行辅助安装，达到安全快捷的目的，引绳长度和直径需要根据门机单个卷筒上动滑轮、定滑轮数量以及安装地面距离卷筒顶部高度经过计算确定。

（1）将吊具平衡梁与动滑轮组进行组装,注意编号与方向；

（2）将一侧吊具按门机尺寸在现场放置到位,注意尽量与实际起吊位置一致,并临时固定牢靠,防止牵引时将吊具拉翻或移位；

（3）将一组牵引钢丝绳按图纸要求分别从定滑轮、动滑轮及导向轮缠绕到位,检查确认与图纸缠绕一致；

（4）由于牵引钢丝绳的长度有限,只要确保牵引钢丝绳从一侧一组定滑轮、动滑轮经导向轮直接先到一侧卷筒上固定即可；

（5）吊具一端用麻绳或通过编织方法将牵引钢丝绳与门机钢丝绳一头可靠连接,至此,引绳安装完成。

2. 钢丝绳安装

（1）开动一侧电机,使减速器转动,引绳带动钢丝绳进行缠绕,速度不宜太快；

（2）继续转动直到钢丝绳顺利穿过动滑轮、定滑轮、导轮以及吊具,并在桥架上将绳头临时固定,与牵引钢丝绳分开；

（3）将钢丝绳一端在卷筒上固定,继续转动卷筒将钢丝绳沿卷筒缠绕,计算缠绕到整个钢丝绳的一半时,停止转动并反向转动卷筒,将钢丝绳退出卷筒直到剩余固定部位；

（4）将另一端钢丝绳与卷筒另一端连接固定,确保两端长度一致,转动卷筒,将钢丝绳沿卷筒缠绕完成。

3. 注意事项

（1）钢丝绳缠绕部位必须有专人监控,防止钢丝绳硬拉,出现意外；

（2）为保证钢丝绳缠绕时左右两侧绳长基本一致,需随时检查测量两端钢丝绳的缠绕圈速,当两端基本达到一致时,停止缠绕,进行细调；

（3）缠绕时注意对钢丝绳进行保护,不得打折以及损伤；

（4）为防止钢丝绳出现缠绕内力,安装面距门机卷筒高度距离尽量大,在坝面上尽量自然放置,避免人为弯折。

九、电气安装

电气系统的安装按设计图样及有关国家规范执行。

(1) 按照电器原理图、接线图、布线图配置各电缆接线，各连接电缆应用线卡子固定牢靠，走线整齐美观。

(2) 分步骤调试各零部件电器。

(3) 电气试验：

1) 检查所有安装电气设备性能是否良好，安装接线是否正确。

2) 对自动化元件装置和继电器进行校验。

3) 控制保护回路查线，按图纸进行空载通电模拟试验，以检验运作程序。

4) 安装完毕后按图纸要求进行电气整定，对电缆变压器进行吸收比、绝缘电阻和可靠接地试验。

5) 电气安装应满足设计要求和 NB/T 35051—2015 要求。

十、调试试验

门式启闭机安装完毕，对其安装质量按设计文件、施工图纸及 NB/T 35051—2015 规范进行整体验收，合格后进行试运转。

1. 试验前的准备和检查

(1) 准备工作。

1) 熟悉出厂设备图纸和出厂说明书，检查门机的外形尺寸和装配应符合设计要求。

2) 检查施工用的吊具、吊耳、夹具、钢丝绳、用电设备、测量仪器等应满足试验需要。

3) 对于载荷试验中的技术要点和安全事项进行技术交底，落实安全措施，每个参与施工人员对工艺顺序、技术要点和安全事项必须了解，使各项目负责人做到心中有数，在施工中听从管理人员统一调度，服从指挥。

4) 检查试验吊架、配重块等应满足载荷试验需要。

5) 清除轨道两侧杂物和防碍试验的障碍物。

(2) 机械检查。

1) 检查所有机械部件、连接部件，各种保护装置安装应正确。

2）检查钢丝绳绳端的固定应牢固，在卷筒、滑轮中缠绕方向应正确。

3）检查各润滑点、油路应畅通，各润滑点加油或加注润滑脂应符合要求。

4）检查传动轴转动应灵活，各机构制动轮不应有卡阻现象。

（3）电气检查。

1）检查电路系统和所有电气设备的绝缘电阻应符合要求。

2）检查电动机、电气控制柜及电气设备零星件、安装线缆等对地绝缘电阻应大于 $0.5M\Omega$ 以上。

3）在切断电源线路的情况下，检查动力回路、控制回路、照明回路的接线应符合设计图样，整个线路的绝缘电阻应大于 $0.5M\Omega$ 以上。

4）不带电情况下，检查各机构操作回路模拟动作试验应正确可靠，操作台各主令控制器按钮、各机构电动机旋转方向应符合设计要求。

5）检查各机构制动器、限位开关、安全开关和紧急开关应动作可靠、灵敏。

2. 空载试验

（1）空载试验前各转动部位及齿轮箱应按要求注入润滑油，并对各转动机构进行检查。

（2）对门机起升机构和行走机构分别动作，在全行程范围内往返 3 次，检查各起升机构、行走机构的机械和电气设备的运行情况，应做到动作正确可靠、运行平稳、无冲击和其他异常现象，并做好检测记录。

（3）电动机运行应平稳，三相交流应平衡；电气设备无异常发热情况，控制器触头无烧灼现象；制动器、限位开关、保护装置及连锁装置动作应正确可靠。

（4）大车、小车运行时，车轮不允许有啃轨现象。

（5）所有机械部件运转时，均不应有冲击声和其他异常声音,齿轮工作时无杂音。

(6) 运转时,制动闸瓦应全部离开制动轮,不应有任何摩擦。

(7) 所有轴承和齿轮润滑应良好,润滑油管畅通,滚动轴承不超过 85℃、滑动轴承不超过 70℃。

(8) 行走机构、起升机构应能达到极限位置,限位开关、高度指示器工作状况符合设计要求。

3. 试验吊架及试验块的准备

为确保后续荷载试验的顺利完成,在试验前需要进行充分准备,特别是对于大型门机,试验吊架和试验块的准备,试验吊架根据试验荷载大小进行设计制作,图 8-27 为试验吊架参考图。

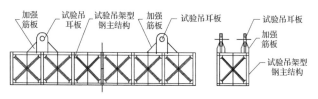

图 8-27　试验吊架参考图

4. 静荷载试验

按设计文件及 NB/T 35051—2015 的规定,对门机进行静荷载试验,以检验启闭机的机械和金属结构的承载能力,试验荷载按照设计及规范要求依次加载,用吊笼配重块加重,试验程序按试验大纲和有关规程规范执行。

试验工序如下:

(1) 静载试验前,将空载小车停放在跨中位置,定出基准点,分别起吊额定载荷的 75%、100%。

(2) 然后将小车停放在跨中基准点位置,进行 125% 的额定载荷试验。125% 的额定载荷试验时,试验吊架吊离地面 150mm,悬停时间不小于 10min,卸掉载荷,检查门架有无永久变形。

(3) 将小车停放在支腿处,检查主梁实有上拱度应不小于 0.7L/1000。

（4）最后将小车停放在跨中基准点位置，起吊 100% 额定载荷，检查主梁下挠值（由实际上拱值算起）应不大于 1L/700。

（5）静载试验后，检查门机各部分应无裂纹、永久变形、油漆剥落或对启闭机的性能与安全有影响的损坏，连接处无松动现象。

（6）小车机房内检修吊以同样的方法进行静荷载试验。

5. 动荷载试验

按设计文件及 NB/T 35051—2015 的规定，对门机进行动荷载试验，以检验各机构的工作性能及门机的动态刚度。试验荷载按照厂家要求进行。试验时按设计要求的各机构组合方式进行试验。

动载荷试验做 110% 额定荷载，应同时开动两个机构，做重复的启动、运转、停车、正转、反转等动作，延续时间至少 1h。

各机构应动作灵活，工作平稳可靠，各限位开关、安全保护联锁装置、防爬装置和指示、显示装置等的动作应正确可靠，各零部件应无裂纹等损坏现象，各连接处不得松动。

试验结束后，应卸掉荷载，关闭电源，检查和复紧各紧固件连接螺栓。

6. 试验报告

整理好试验的各项记录，将试验结论和检查结果列成表格，编写试验报告。试验报告中应注明试验的启闭机，试验日期、地点及监督人；详细记载各种状况下的载荷、位置、状态程序和结论。

第六节　固定卷扬式启闭机安装工程

一、安装流程

安装主要工作内容有：设备的现场接收、卸车、清点、运输、储存、装配检查、埋设、安装、调试和试运行等，直至涂刷防护漆及工程交付前的维护。主要安装流程见图8-28。

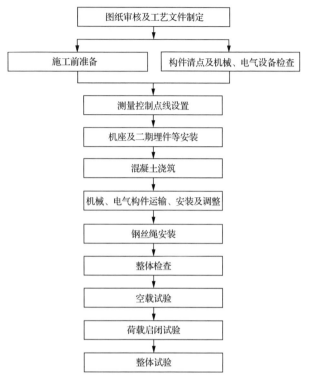

图 8-28　固定卷扬式启闭机安装流程图

二、安装前的施工准备

1. 施工前检查验收

（1）在进行启闭机金属构件安装时，应首先从存放场地调运出进行组装的零件、部件、结构总成或机械总成等，进行拼装检查。检查该启闭机工厂制造件是否齐全，各部件在运输、存放过程中有否损伤；各部件在拼接处的安装标记是否属于本台启闭设备，凡不属于同一套件的不准许组装到一起；在组装检查中发现损伤、缺陷或零件丢失等应进行修整、补齐零件后才准许进行安装。

（2）机座和基础螺栓的混凝土应符合施工详图的要求，启闭机的安装应在混凝土强度达到设计要求后进行。

（3）机座、螺栓等预埋件埋设严格按照规范要求、安装说明书以及施工设计详图进行施工。基础螺栓安装应符合NB/T 35051—2015 的规定，其实际中心线与基准的偏差不得大于 2.0mm；双吊点的基础标高差不应大于 5.0mm。

（4）在安装工作之前，对制造厂到货的设备总成进行检查和必要的解体清洗。对应当灌注滑润油脂的部位灌足润滑油脂，做好设备现场保护。

2. 施工技术准备

（1）资料员收到施工图纸后，对照图纸目录清点份数并整理，然后登记。按照项目总工程师或项目技术负责人批准的范围和份数分发，接收人签字。

（2）项目总工程师安排有关人员进行图纸审核，各专业技术人员在图纸审核中提出的各类问题，由项目总工程师负责协调解决，内部不能解决的，可以要求监理工程师、业主召开协调会，并形成会议纪要及设计修改通知单后执行。

（3）项目总工程师组织专业技术人员编制工艺文件，包括项目质量计划、施工组织设计、施工技术措施、安全技术措施等，按程序报送批准。

（4）项目总工程师或项目技术负责人组织专业技术人员召集全体作业人员开会进行技术交底，使作业人员熟悉设备安装方法、特点、设计意图、技术要求及施工措施，做到心中有数，科学施工。

（5）施工设施准备。根据施工现场情况，准备和布置启闭机吊装施工使用的大型临时设施及工器具等。

3. 土建安装部位交接验收

（1）埋件安装之前，质检人员会同业主、监理工程师、土建施工单位等对土建工程进行安装前的检查与验收，土建工程应符合国家标准中有关 NB/T 35051—2015 的规定。

（2）根据施工图纸的要求，用全站仪、水准仪、经纬仪、卷尺等工具，检查启闭机机座、埋件的安装尺寸及高程，其误差应符合安装图纸及规范要求。

（3）根据施工图纸检查启闭机组件及埋件几何尺寸、焊接质量等应符合设计图纸及规范要求。

4. 设备接货清点、交接验收

启闭机设备主要包括机架总成件、卷筒、减速器、电动机、平衡滑轮组、制动器、电气设备、钢丝绳和吊具等部件。

（1）质检人员、作业人员会同监理工程师、业主及厂家代表进行启闭机设备组件、附件开箱、清点验收，并做好验收记录。

（2）包装运抵现场的附件，检查包装物是否完整无损，是否与随箱附带的装箱清单内容一致。

（3）检查每批到达现场的组件、附件的检验记录，收集整理备查。

（4）观察所有组件、附件有无锈蚀及机械损伤，清点所有附件是否齐全。

（5）启闭设备到场必须有出场合格证及相关技术参数资料文件。

（6）按 NB/T 35051—2015 的有关规定进行全面检查，保证接收产品全部合格。

三、固定卷扬式启闭机结构安装

（1）检查基础螺栓埋设位置，保证螺栓埋入深度及露出部分的长度准确。

（2）检查启闭机平台高程，保证其偏差不大于±5mm，水平偏差不大于 0.5/1000。

（3）启闭机的安装根据起吊中心找正，保证其纵、横向中心线偏差不超过±3.0mm。

（4）缠绕在卷筒上的钢丝绳长度，当吊点在下限位置时，留在卷筒上的圈数不宜少于 4 圈，当吊点在上限位置时，钢丝绳不得缠绕到卷筒的光筒部分。

（5）双吊点启闭机吊距误差不宜超过±3.0mm；钢丝绳拉紧后，两吊轴中心线应在同一水平上，其高差在孔口内不得超过 5.0mm。

（6）传动机构的安装,如同轴度、径向跳动、垂直及水平偏斜等偏差均应调整到 NB/T 35051—2015 的规定之内。

四、电气设备安装

电气安装前先行查线,电缆穿管应按 NB/T 35051—2015 的规定进行。全部电气不带电的外壳和机架应可靠接地。

电气设备、电动配电箱、控制箱、控制屏的安装,继电器、开关仪表的核定试验和整定、二次回路连线和传动实验、电缆的敷设等,应符合设计单位已审批的图纸和技术文件要求,并应遵照《金属材料 弯曲试验方法》(GB/T 232—2010)、《电气装置安装工程高压电器施工验收规范》(GB 50147—2010)、《电器装置安装工程 电力变压器、油浸电抗器、互感器施工及验收规范》(GB 50148—2010)、《电器装置安装工程 母线装置施工及验收规范》(GB 50149—2010)、《电器装置安装工程 电器设备交接试验标准》(GB 50150—2010)和《水电工程启闭机制造安装及验收规范》(NB/T 35051—2015)的有关规定。

五、启闭机的防腐

（1）只有经过整体组装检查合格,并得到发包人认可的构件,才能开始表面防腐工作(钢材预防腐工艺除外)。

（2）安装需完成的防腐项目指工地安装焊缝两侧 100～120mm 范围内的防腐工作,其余防腐工作均在制造厂内完成。工地安装焊缝两侧的防腐材料和由于运输、安装撞损需要补修的防腐材料,其品种、性能和颜色应与制造厂所用的防腐材料一致,由制造厂提供。

（3）启闭机设备防护施工时的环境、除锈质量对金属结构的防腐蚀效果有着重要的影响,应根据具体的环境条件、温度、湿度及被防护结构的具体情况制定工艺、技术措施,并报监理人认可。

（4）启闭机设备表面在喷涂前必须进行表面预处理,预处理前应仔细清除锈、氧化皮、焊渣、油污、灰尘、水分等附着物,并清洗基体金属表面可见的油脂和其他污物。采用喷射处理后,基体金属表面清洁度等级不低于《涂覆涂料前钢材表面处理 表面清洁度的目视评定 第1部分:未涂覆过的钢材表面和全面清除原有涂层后的钢材表面的锈蚀等级和处理等级》(GB/T 8923.1—2011)中规定的 Sa2.5 级;表面粗糙度值应在 $Ra40\sim70\mu m$ 的范围之内。启闭机应在表面预处理达到标准后在有效时间内进行喷涂,喷涂前如发现基体金属表面被污染或返锈,应重新处理,使其达到要求的表面清洁度等级。

(5) 对于保护涂层的质量检查、验收标准等应按《水电水利工程金属结构设备防腐蚀技术规程》(DL/T 5358—2006)执行,各道工序的施工应经监理人检验、认可并有记录。

六、调试试验

根据设计图纸及技术文件要求,编写卷扬式启闭机试运行调试、试运转和试验大纲,并严格执行。

卷扬式启闭机的试运转:

(1) 电气设备的试验要求按《水电工程启闭机制造安装及验收规范》(NB/T 35051—2015)的规定执行。对采用 PLC 控制的电气控制设备应首先对程序软件进行模拟信号调试正常无误后,再进行联机调试。

(2) 空载试验。空载试验是在启闭机不负载的情况下进行的空载运行试验。空载试验应符合设计图纸和 NB/T 35051—2015 的各项规定。

1) 电气设备通电试验前应认真检查全部接线并应符合图样规定,整个线路的绝缘电阻必须大于 $0.5M\Omega$ 才可开始通电试验。试验中各电动机和电气元件温升不应超过各自的允许值,试验应采用该机自身的电气设备。试验中若触头等元件有烧灼者,应查明原因并予以更换。

2) 启闭机空载试验全行程应上、下升降 3 次。对下列电气和机械部分应进行检查和调整。

①电动机运行应平稳,三相电流不平衡度不应超过 $\pm 10\%$,并应测出电流值。

②电气设备应无异常现象。

③应检查和调试限位开关(包括充水平压开度接点),开关动作应准确可靠。

④高度指示器和荷重指示器应准确反映行程和重量,到达上下极限位置后主令开关应能发出信号并自动切断电流,使启闭机停止运转。

⑤所有机械部件运转时,均不应有冲击声和其他异常声音;钢丝绳在任何部位均不得与其他部件相摩擦。

⑥制动闸瓦松闸时应全部打开,间隙应符合要求,并测出松闸电流值。

⑦对快速闸门启闭机利用直流电流松闸时,应分别检查和记录松闸直流电流值和松闸持续 2min 电磁线圈的温度。

(3) 荷载试验。荷载试验是在启闭机负荷或与闸门连接后,在设计操作头水的情况下进行的启闭试验,带荷载试验应针对不同性质闸门的启闭机分别按 SL 381—2007 的有关规定进行。

应将闸门在门槽内无水或静水中全行程上下升降 2 次;对于动水启闭的工作闸门或动水闭静水启的事故闸门,应在动水工况下升降 2 次,对于泵站出口快速闸门,应在动水工况下做全行程的快速关闭试验。

负荷试验时应检查下列电气和机械部分:

1) 电动机运行应平稳,三相电流不平衡度不应大于 ±10%,并应测出电流值。

2) 电气设备应无异常发热现象。

3) 所有保护装置和信号应准确可靠。

4) 所有机械部件在运转中不应有冲击声,开放式齿轮啮合情况应符合要求。

5) 制动器应无打滑、无焦味和无冒烟现象。荷重指示器与高度指示器的读数应能准确反映闸门在不同开度下的启闭力值,误差不得超过 ±5%。

6) 快速闸门启闭机快速开启时间不得超过设计值,快速关闭的最大速度不得超过 5m/min;电动机(或调速器)的最大转速不得超过电动机额定转速的两倍。离心式调速器的摩擦面,其最高温度不得超过 200℃。采用直流电源松闸时,电磁铁线圈的最高温度不得超过 100℃。

7)试验结束后机构各部分不得有破裂、永久变形、连接松动或损坏。

(4)在进行动水启闭的带荷载试验前,应编制试验大纲,并经相关部门批准后实施。

第七节　螺杆式启闭机安装工程

一、螺杆式启闭机安装流程

螺杆式启闭机安装流程见图 8-29。

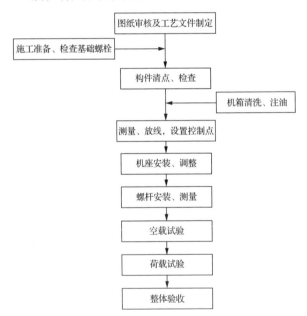

图 8-29　螺杆式启闭机安装流程

二、基础螺栓安装

基础螺栓安装应符合《水利水电工程启闭机制造安装及验收规范》(SL 381—2007)的规定,螺栓伸出部分的长度应满足设备安装要求。

三、螺杆式启闭机机座安装

（1）安装并调整基础板，使启闭机的高程及水平偏差满足设计及水利水电工程启闭机制造安装及验收规范规范要求。

（2）连接机座与基础板，使机座的纵、横向中心线与闸门吊耳的起吊中心线的偏差不超过±1mm。

（3）机座与基础板应紧密接触，非接触面不大于总接触面的20%，且局部间隙不超过0.2mm。由里向外，用扭力扳手将螺栓拧紧。

（4）将螺杆自下部旋入启闭机，当螺杆从启闭机上方露出后，再套上限位盘。

（5）螺杆安装后其外径母线直线度公差应满足设计及《水利水电工程启闭机制造安装及验收规范》（SL 381—2007）规范的要求。

四、电气设备安装

电气安装前先行查线，电缆穿管应按 SL 381—2007 的规定进行。全部电气不带电的外壳和机架应可靠接地。

电气设备、电动配电箱、控制箱、控制屏的安装，继电器、开关仪表的核定试验和整定、二次回路连线和传动实验、电缆的敷设等，应符合设计单位已审批的图纸和技术文件要求，并应遵照《金属材料 弯曲试验方法》（GB/T 232—2010）、《电气装置安装工程 高压电器施工及验收规范》（GB 50147—2010）、《电器装置安装工程 电力变压器、油浸电抗器、互感器施工及验收规范》（GB 50148—2010）、《电器装置安装工程 母线装置施工及验收规范》（GB 50149—2010）、《电器装置安装工程 电器设备交接试验标准》（GB 50150—2010）、《水电工程启闭机制造安装及验收规范》（GB/T 35051—2015）的有关规定。

五、调试试验

1. 空载试验

试验前对零部件组装再次检查，确保符合设计图样及技术文件要求;手摇部分应灵活平稳、无卡阻;电气闭锁装置应安全可靠;行程开关动作应灵敏准确。

（1）螺杆上下全程往返 3 次。

（2）电机电流不平衡度不大于 10%，且无异常发热。

（3）启闭机运行至上下极限位置时，确保行程开关发出控制信号，自动切断电源。

（4）所有机械部件应无冲击声和其他异常声音。

（5）机械部件无异常温升。

（6）做好试验记录。

2. 负载试验

（1）空载试验合格后，螺杆下端与闸门联结，在设计水头工况下，动水启闭 2 次。

（2）手摇部分应转动灵活，无卡阻。

（3）传动零件运转平稳，无异常声音、发热和漏油现象。

（4）行程开关动作要灵敏可靠。

（5）具有高度指示及过载保护装置的螺杆启闭机，应对传感器信号的发送、接收等进行专门测试，保证动作灵敏，指示正确，安全可靠。

（6）双吊点启闭机应确保两螺杆升降行程一致，电机运行平稳，传动带无打滑。

（7）做好试验记录。

第八节　液压式启闭机安装工程

一、安装流程

液压启闭机安装工艺流程见图 8-30。

二、液压式启闭机埋件安装

启闭机铰座二期埋件、电机基座、油箱基座、电控柜二期埋件等安装前按基础布置图设置测量控制点、线，按控制点线及图纸要求安装，验收合格后进行二期混凝土浇筑，混凝土达到一定强度后复测二期埋件的实际偏差。

液压启闭机安装之地基、混凝土排架或其他建筑物，必

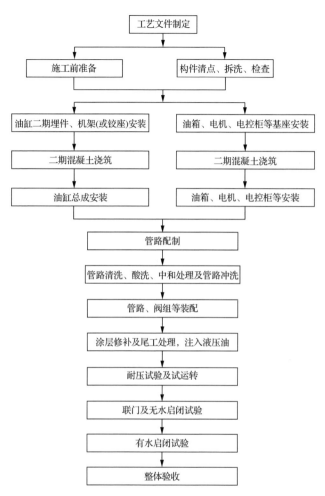

图 8-30 液压启闭机安装工艺流程图

须稳固安全。机座和基础螺栓的混凝土,应按施工详图的规定浇筑,在混凝土强度尚未达到设计强度时,严禁改变启闭机的临时支撑,更不得进行调试和试运行。

三、液压式启闭机油箱管路安装

油箱、管路安装时按图纸要求除调整好里程、桩号、高程等外，还调整其相对位置，以满足其装配要求。安装偏差要求按设计文件、设计图纸及 SL 381—2007 的有关要求执行。

管路安装按如下程序进行：

（1）配管：油缸总成、液压站及液控系统设备正确就位，所有的管夹安装完好后进行配管。先按施工图纸及有关规范的规定进行配管和弯管，管路凑合段长度根据现场实际情况确定，弯管圆滑过渡，尽量减少管路阻力，管路整体布局清晰合理。

（2）管路焊接及清洗：配管完成后拆下管路，拆前做明显标记，拆下后封堵与泵站、油缸、阀组等相连接的管口或接头，以防止污染。拆下后焊接管接头或法兰，焊接及探伤要求按设计文件及施工图纸的规定。清除管路的氧化皮、焊渣、毛刺、杂质后对管路进行清洗，用铅丝绑扎脱脂砂布来回擦去管内壁油污、杂质，并对管路进行酸洗、中和、干燥处理。

（3）液压试验及管路冲洗：安装合格的液压管路，检查焊缝连接及螺栓连接质量，进行 15min 的液压试验，不得有泄漏现象。

使用专用液压冲洗装置进行油液循环冲洗，冲洗流速大于 5m/s，冲洗油液通过多级滤油器进行过滤，保证油液的清洁度。冲洗程序如下：

1）首先将管路按管路系统布置图连接起来，并装上密封圈，固定好。每两根连接起来的长管路用高压软管连成一个回路，回路中间用球阀、软管和异径通管将不同管径管道连接成一个闭合回路。

2）将管路闭合回路与冲洗装置连接，采用球阀控制，达到闭和回路中不同管径的管道同时循环冲洗的要求。

3）管路连接形成后，对管路进行循环冲洗，冲洗过程中可采用改变液流方向或对焊接处轻轻敲打、振动等方法加强冲洗效果。在冲洗回路的最后一节管道内或在回油滤油器前的污染度检测口抽取油样，检测管路中的油液清洁度是否达到设计文件的规定,如果没有达到则继续冲洗,直至达到要求为止。

4)将冲洗合格后的管道拆下后及时封堵管口,以防止污染。

(4)管路安装:将管路系统与液压缸、阀组、泵组、油箱等连接,完成安装,固定牢固合理,减少振动。清洗油箱,将液压油注入油箱,注油量一定达到使用说明书要求。

四、液压式启闭机油缸安装

油缸总成起吊时固定吊头,以防滑出。油缸总成各构件安装满足设计文件、厂家技术要求及 NB/T 35051—2015 的有关要求。

液压启闭油缸支撑机架的安装偏差应符合施工图纸的规定,为此对其支撑中心的高程和里程进行预先确定控制点,并用红漆油标示,安装好后的中心点坐标偏差不大于2.0mm,高程偏差不大于5.0mm,两个吊点的支撑中心点的相对高差控制在 0.5mm 之内。构件吊至安装部位用导链等配合就位、调整。

五、液压式启闭机调试试验

1. 运转前检查

(1)检查泵站机架固定是否牢靠,对焊接件进行焊接质量检查,并检查地脚螺栓是否有松动现象。

(2)调试电器回路中单个元件和设备符合有关规定。

(3)全面复检。

2. 管路系统耐压试验

(1)启动液压泵站。启动前将溢流阀全部打开,油泵空转 30～40min,油泵不得有异常现象。

(2)泵站空转正常后,在监视压力表的同时调整溢流阀压力使管路充油,充油时排除管路中空气,管路充满液压油后,调整油泵溢流阀使油泵液压管路试验压力分别为 $p_{额} \leqslant$ 16MPa 时,$P_{试} = 1.5p_{额}$;$p_{额} > 16$MPa 时,$P_{试} = 1.25p_{额}$,其余试验压力分别按各种设计工况选定,并各保压 10min,无杂音、温升过高等异常现象。检查管路系统漏油、渗油情况,整定好各溢流阀的溢流压力。

3. 空载运行试验

在活塞杆不与荷载(闸门)连接时,做全行程往复动作 3 次,用以排除油缸和管路中的空气,检验泵组、阀组及电气操作系统的正确性和油缸有无爬行现象。

4. 无水启闭试验

上述试验完成后,进行连门,在派专人监视闸门是否受阻的情况下,先手动控制操作升降闸门,以检验缓冲装置减速情况和闸门有无卡阻现象,并做好闸门全程内启、闭时间和压力值的记录工作。

手动操作闸门启、闭全程合格后,进行闸门自动操作试验,进行启门和闭门工况的全行程往复动作试验 3 次,整定和调整好闸门高度显示仪、行程限位开关及电、液元件的设定值,检测电动机的电流、电压和油压的数据及全行程启、闭的运行时间。

5. 有水启闭试验

闸门在动水情况下,进行闸门和液压启闭机的功能性试验和检查,检查水封的漏水量和闸门在升降过程中有无振动;检测电动机的电流、电压和系统压力及全行程启、闭运行时间。

第九节　启闭机安装施工安全措施

(1) 熟悉及掌握启闭机安装要领,加强方案研究及技术交底,使施工人员掌握施工方法。

(2) 吊装前必须对起重机械设备的性能进行全面检查,并要严格检查各钢丝绳、吊索、千斤顶等工具的安全性。

(3) 高空作业必须佩戴安全带,严禁高空抛掷物品,危险面应设置安全网。

(4) 吊装时必须有专业人员统一指挥,并专人监护,发现问题后立即向现场总指挥反映。吊装时施工现场指派专职安全员巡视和检查,消除安全隐患,制止违章作业。

（5）遵守《起重机 安全规程 第1部分：总则》（GB/T 6067.1—2010）的规定，操作起重机人员应符合起重机司机考核标准《起重机 司机（操作员）、吊装工、指挥人员和评审员的资格要求》（GB/T 23722—2009）、《起重机 司机培训 第1部分：总则》（GB/T 23720.1—2009）的规定。

（6）启闭机负荷试验前必须根据有关要求检查各部件的质量情况。

（7）试重起吊应平衡、受力要平稳，防止重心有过大的偏移。设备吊装吊点的选择必须合理，保证吊装机械受力的合理分配，保证设备吊装中不产生有害变形。

（8）启闭机负荷试验时由现场指挥统一指挥，并设专人监护，要求哨音清晰、手势规范，启闭机操作人员与指挥人员密切配合，做到动作正确无误。

（9）各传动部位、抱闸应有专人监护，发生异常情况，立即通知现场指挥。

（10）负荷试验时，禁止地面操作人员或与吊装无关人员在启闭机下方停留或通过，为充分保障地面安全，可设置吊装禁区，禁止负荷试验以外人员进入禁区。

（11）严格按照施工现场安全管理制度条例进行安全工作的布置，并层层落实到各管理部门和各施工人员，生产过程中认真检查。

涉及规范：

《形状和位置公差 未注公差值》（GB/T 1184—1999）；

《金属熔化焊焊接接头射线照相》（GB/T 3323—2005）；

《涂覆涂料前钢材表面处理 表面清洁度的目视评定 第1部分：未涂覆过的钢材表面和全面清除原有涂层后的钢材表面的锈蚀等级和处理等级》（GB/T 8923.1—2011）；

《焊缝无损检测 超声检测 技术检测等级和评定》（GB 11345—2013）；

《水利水电工程钢闸门制造、安装及验收规范》（GB/T 14173—2008）；

《水工金属结构焊接通用技术条件》（SL 36—2016）；

《水工金属结构防腐蚀规范》(SL 105—2007);

《水利水电工程启闭机制造安装及验收规范》(SL 381—2007);

《水利工程压力钢管制造安装及验收规范》(SL 432—2008);

《无损检测　焊缝磁粉检测》(JB/T 6061—2007);

《无损检测　焊缝渗透检测》(JB/T 6062—2007);

《水电工程钢闸门制作安装及验收规范》NB/T 35045—2014;

NB/T 35045—2014。

第九章

金属结构工程质量控制检查与验收

第一节　金属结构工程质量控制与检查

一、概述

1. 金属结构承包单位的资质控制

在中华人民共和国境内生产水工金属结构产品，应当依法取得生产许可证。任何企业未取得生产许可证不得生产水工金属结构产品。

金属结构工程的施工要经过工厂制作和现场安装两个阶段，这两个阶段一般有一个承包单位完成。切实抓好金属结构承包单位的考察与选择工作，对于确保金属结构工程质量、满足工程总进度要求具有重要意义。金属结构承包单位的考查内容有：企业资质、生产规模，技术人员数量、职称及履历，技术工人数量及资格证，机械设备情况以及企业业绩情况等。根据《水工金属结构防腐蚀规范》（SL 105—2007），取证企业如果自行承担产品的防腐蚀施工，则必须取得水利行业管理部门颁发的水工金属结构防腐蚀专业施工能力证书。

取证企业若委托其他防腐蚀专业单位施工，则被委托的防腐蚀专业施工单位必须取得水利行业管理部门颁发的水工金属结构防腐蚀专业施工能力证书。取证单位应出具有效的委托协议书和被委托单位的资质证书复印件。

2. 金属结构制作工艺及安装施工组织设计控制

施工组织设计是承包单位编制的指导工程施工全过程各项活动的重要综合性技术文件，认真审查施工组织设计是事前控制和主动控制的重要内容。对于水利工程的金属结构工程，此项工作往往容易被忽视。应要求承包单位及时提供制作阶段和安装阶段的制作工艺和安装施工组织设计，并严格审查。其中，制作工艺内容应包括制作阶段各工序、各分项的质量标准、技术要求，以及保证产品质量而制定的各项具体措施，如关键零件（主轮、滑轮、起吊轴及冲水阀）的加工方法，主要构件（主梁、边梁、竖梁、门轨）的工艺流程、工艺措施，所采用的加工设备、工艺装备等。

二、原材料的检查

金属结构工程检测包括设备的原材料、焊材、焊接件、紧固件、焊缝、螺栓球节点、涂料等材料和工程的全部规定的试验检测内容。主体结构工程检测、见证取样检测、钢材化学成分分析、涂料检测、建筑工程材料、防水材料检测、节能检测等成套检测技术。

（1）对于工程所用的金属材料（包括黑色金属材料和有色金属材料等）主要采用进厂检验的方式控制，检验员根据合同、标书及相应的技术规范检验，检验其厚度、外观、数量等。并核查钢厂出具的材料质量证明书中的各项技术参数，如机械性能、化学元素成分等是否符合相关技术标准。检验人员记录检测数据，如无材料质量证明书，标号不清、数据不全等问题，原则上要退货，产品的全部材料均应符合设计图样或合同有关规定要求。

（2）需要试验的物资，根据下列方法进行检验和试验。

1）无损检测。利用声、光、磁和电等特性，在不损害或不影响被检对象使用性能的前提下，检测被检对象中是否存在缺陷或不均匀性，给出缺陷的大小、位置、性质和数量等信息，进而判定被检对象所处技术状态（如合格与否、剩余寿命等）的所有技术手段的总称。

根据受检制件的材质、结构、制造方法、工作介质、使用条件和失效模式，预计可能产生的缺陷种类、形状、部位和方向，选择适宜的无损检测方法。

常规无损检测方法有：

超声检测 Ultrasonic Testing(UT);

射线检测 Radiographic Testing(RT);

磁粉检测 Magnetic particle Testing(MT);

渗透检验 Penetrant Testing (PT);

射线和超声检测主要用于内部缺陷的检测;磁粉检测主要用于铁磁体材料制件的表面和近表面缺陷的检测;渗透检测主要用于非多孔性金属材料和非金属材料制件的表面开口缺陷的检测。

铁磁性材料表面检测时,宜采用磁粉检测。涡流检测主要用于导电金属材料制件表面和近表面缺陷的检测。当采用两种或两种以上的检测方法对构件的同一部位进行检测时,应按各自的方法评定级别;采用同种检测方法按不同检测工艺进行检测时,如检测结果不一致,应以危险大的评定级别为准。

①射线检测。射线检测就是利用射线(X 射线、γ 射线、中子射线等)穿过材料或工件时的强度衰减,检测其内部结构不连续性的技术。穿过材料或工件时的射线由于强度不同,在感光胶片上的感光程度也不同,由此生成内部不连续的图像。射线检测主要应用于金属、非金属及其工件的内部缺陷的检测,检测结果准确度高、可靠性好。胶片可长期保存,可追溯性好,易于判定缺陷的性质及所处的平面位置。射线检测也有其不足之处:难于判定缺陷在材料、工件内部的埋藏深度;对于垂直于材料、工件表面的线性缺陷(如垂直裂纹、穿透性气孔等)易漏判或误判;同时射线检测需严密保护措施,以防射线对人体造成伤害;检测设备复杂,成本高。射线检测只适用于材料、工件的平面检测,对于异型件及 T 型焊缝、角焊缝等检测就无能为力了。

②超声波检测。超声波检测就是利用超声波在金属、非金属材料及其工件中传播时,材料(工件)的声学特性和内部组织的变化对超声波的传播产生一定的影响,通过对超声波受影响程度和状况的探测,了解材料(工件)性能和结构变化的技术。超声波检测和射线检测一样,主要用于检测材料

（工件）的内部缺陷。检测灵敏度高、操作方便、检测速度快、成本低且对人体无伤害，但超声波检测无法判定缺陷的性质，检测结果无原始记录，可追溯性差。超声波检测同样也具有着射线检测无法比拟的优势，它可对异型构件、角焊缝、T型焊缝等复杂构件的检测；同时，也可检测出缺陷在材料（工件）中的埋藏深度。

③磁粉检测。磁粉检测是利用漏磁和合适的检测介质发现材料（工件）表面和近表面的不连续性的。磁粉检测作为表面检测具有操作灵活、成本低的特点，但磁粉检测只能应用于铁磁性材料、工件（碳钢、普通合金钢等）的表面或近表面缺陷的检测，对于非磁性材料、工件（如不锈钢、铜等）的缺陷就无法检测。磁粉检测和超声波检测一样，检测结果无原始记录，可追溯性差，无法检测到材料、工件深度缺陷，但不受材料、工件形状的限制。

④渗透检验。渗透检验就是利用液体的毛细管作用，将渗透液渗入固体材料、工件表面开口缺陷处，再通过显像剂渗入的渗透液吸出到表面显示缺陷的存在的检测方法。渗透检验操作简单、成本很低，检验过程耗时较长，只能检测到材料、工件的穿透性、表面开口缺陷，对仅存于内部的缺陷就无法检测。

⑤TOFD检测。TOFD原理是当超声波遇到诸如裂纹等的缺陷时，将在缺陷尖端发生叠加到正常反射波上的衍射波，探头探测到衍射波，可以判定缺陷的大小和深度。当超声波在存在缺陷的线性不连续处，如裂纹等处出现传播障碍时，在裂纹端点处除了正常反射波以外，还要发生衍射现象。衍射能量在很大的角度范围内放射出并且假定此能量起源于裂纹末端，这与依赖于间断反射能量总和的常规超声波形成一个显著的对比。

2）理化检测。对水工金属结构所使用的钢材力学性能进行检测，如拉伸、弯曲、冲击、硬度等；对水工金属结构所使用的紧固件力学性能进行检测，如抗滑移系数、轴力等；对水工金属结构所使用的钢材进行金相分析，如显微组织分析、显微硬度测试等;对水工金属结构所使用的钢材进行化学成分分析;对水工金属结构表面涂装所用的涂料进行检测;对水工金属结构安装以及卸载过程中关键部位的应力变化进行测试与监控。

第二节　焊接质量控制与检验

一、焊接概述

金属结构虽然由一个承包单位完成,但制作和安装一般由承包单位的制作车间和安装项目部分别负责。检验人员要充分重视制作阶段的检验工作,要搞好事前控制和事中控制,对各工序、各分项都要做到检查认真而及时、严格、到位。施工单位应建立健全质量保证体系,坚持工序检验,严格执行"三检制",认真填写监测资料。加强工厂制作过程的监控措施。

焊接工程是金属结构制作阶段最重要的分项之一,各级质检人员必须从事前准备、施焊过程和成品检验各个环节,切实做好焊接工程的质量控制工作。目前,金属结构施工单位在车间制作阶段大部分都具备自动埋弧焊机,部分具备半自动气体保护焊机,仅在个别部位采用手工焊接,焊接存在问题较多的是手工焊接部分,主要问题有:焊瘤、夹渣、气孔、未焊透、咬边、错边、焊缝尺寸偏差大、焊接变形不矫正、飞溅物清理不净等。鉴于这种情况,各级质检人员必须做好以下各项工作:

焊接生产的整个过程包括原材料、焊接材料、坡口准备、装配、焊接和焊后热处理等工序,焊接质量保证不仅仅是焊接施工的自身质量管理,而且与焊接之前的各道工序的质量控制有密切的联系,所以,焊接施工的质量控制应该是一项全过程的质量管理,包括:焊接前质量控制、焊接施工过程质量控制和焊接后最终质量检验等三个阶段。

焊接质量控制的目标是保证焊接产品的最终性能,从而达到降低生产成本和提高产品质量的效能。

焊接质量控制应该实施焊工、焊接工段长和专职焊接检查员的三级质量控制的管理责任制,具体职责分工见图9-1。

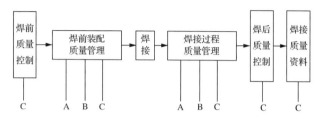

图9-1 焊接质量控制职能

A—装配工或焊工自检;B—工段长巡回互检;C—专职检查工检验

焊工应对违反焊接工艺规程及操作不当的质量事故承担责任,焊接检查员则应对漏检或误检造成的质量事故承担责任。

二、焊前质量控制

焊前质量控制的目的是预防焊接质量事故出现的可能性,是保证焊接质量的积极的有效管理。控制项目如下:

1. 母材质量确认

(1)核对和确认母材牌号及规格是否符合图样及技术文件所规定的材质和规格。不一致时,应检查是否办理了材料代用或更改手续凭证。

(2)核查材质证明书或工厂材质复验单,包括:材料牌号、规格和尺寸、炉批号、检验编号、数量、重量、供货状态、力学性能、化学成分和其他特殊要求的内容。

(3)核查工件材质的表面质量和移植钢印标记的正确性和齐全性。材料表面不应有裂纹、分层及超出标准允许的凹坑和划伤等缺欠。钢印标记应包括产品编号、入厂检验编号、材料牌号和规格等项目,并有检查员见证的确认标记。

2. 焊接材料管理重点控制二级库

(1)核查所发的焊材质量证明书或工厂对焊材复验合格证及试样编号。

(2)监督检查焊材的贮存和烘干制度的执行。

（3）检查发放的焊材表面质量，焊丝表面应除锈、无油污、药皮无开裂、脱落或霉变。

（4）监督焊材的领用发放，核对领用发放焊材牌号和规格与焊接工艺规程是否一致。不一致时应核查是否办理焊材代用或焊接工艺规程更改手续凭证。

3. 焊接坡口制备质量检查

检查依据是企业对坡口尺寸、精度和表面质量的标准（企业标准）。

（1）检查坡口尺寸（深度、角度、钝边等）和精度是否符合技术标准。

（2）检查坡口表面粗糙度及表面缺陷，超标者，提出修整处理。

（3）检查坡口表面清理质量。坡口面每侧至少 20mm 范围内应清理干净，不得有杂物。

（4）坡口面的无损探伤。板厚＞30mm 或 σ_s＞400N/mm^2 或 Cr-Mo 类钢，进行磁粉或渗透探伤。发现缺欠时（分层、裂纹）应予以清除。

4. 装配和定位焊质量检查

（1）检查装配几何形状和尺寸是否符合图样规定。

（2）检查焊缝位置和分布是否符合图样规定。

（3）复核和检查装配件的材质。

（4）检查定位焊和装配马所用焊材、预热温度和焊工技能资格及定位焊缝质量和尺寸是否达到标准规定。

（5）用样板检查组装坡口的形状、尺寸、间隙和对口错边量是否符合技术标准。

5. 焊工技能资格管理

焊工的技能水平是保证焊接质量的决定因素，从事重要产品焊接施工的焊工，必须经过专门培训和合格考试，并持有有效的合格证书。因焊接产品种类、规格、钢种的不同，焊工技能资格等级也不同，必须对焊工技能资格项目加以严格的管理。

（1）核查和确认焊工技能资格，即考试项目（焊接方法、试件类别和焊材、母材)与所担任的焊接工作的一致性。

(2) 监督和控制焊工技能资格期限的有效性。

6. 焊接工艺评定合格的确认

(1) 确认焊接工艺规程是否经过焊接工艺评定合格和有效。

(2) 核查所使用的焊接工艺规程是否与所需进行的焊接工作的一致性。

三、焊接施工过程质量控制

焊接施工过程(包括焊接、后热和焊后热处理)的质量控制是焊接质量管理的重要部分,其直接影响焊接质量。

在焊接施工过程中,检查员通常巡回现场,对焊接施工过程进行监督和检查,重点是监督焊工是否执行焊接工艺规程所规定的内容和要求,以及焊接工艺纪律情况。一般控制下列几个项目:

(1) 焊接方法的确认不一致时应核查是否办理焊接工艺更改手续凭证。

(2) 检查焊接设备完好性和工装适用性。

1) 检查所用设备和工装是否符合工艺规程规定。

2) 检查设备的表、计、装置等,失灵时不得焊接。

(3) 复核焊接材料。

1) 防止错用焊材,造成焊接质量事故。

2) 监督和检查焊条保温筒的使用情况。

3) 抽验焊条、焊剂是否烘干。

(4) 焊接预热温度和预热方式检查。

1) 检查预热方式(方法和加热范围)是否符合焊接工艺规程规定。

2) 检查和控制预热温度是否符合工艺规定。

(5) 焊接环境监督。焊接环境包括温度、湿度和气候条件。当出现下列情况时应采取措施:温度$<0℃$,湿度$>90\%$,风速$>10m/s$,有穿堂风、雨、雾、雪时。

(6) 监督焊工执行工艺情况。

1) 核查焊工是否持有相应的焊接技能操作证和按照焊

接规程进行操作。

2）监督和检查焊工执行焊接工艺规程正确与否。

（7）确认和检查产品焊接试板的设置。焊接试板是以模拟产品的制造工艺过程而焊制的试验板，从试板切取样坯并制成一定形状尺寸的理化试验试样。产品焊接试板在一定程度上反映出产品的焊接质量情况，应严格加以控制和管理。

1）检查试板的下料取向，应与产品焊缝的方向平行。

2）确认试板的钢印标记。包括产品编号、钢材牌号及规格、试板编号、焊工钢印号。

3）检查试板的数量、材质、规格及尺寸，数量应符合工艺规程，试板材料规格和坡口形状应与所代表的焊缝相同。

4）监督试板的装配和定位，纵缝试板应作为产品纵缝的延长部分与纵缝装配在一起。

5）监督试板的焊接。纵缝试板作为纵缝的延长部分同时焊接，环缝试板可单独焊接。试板焊接应由进行产品焊缝焊接的焊工施焊，若产品焊缝由多名焊工完成，则由检查员确定其中一名焊工施焊试板。监督试板焊接用的焊材、焊接设备和工艺条件等与所代表的产品焊缝相同。

6）监督焊接安全和劳动保护。

7）焊后热处理监督检查。

四、焊接后最终质量检验

即焊接成品检验。应根据产品图样、技术标准和焊接工艺规程所确定的项目和方法进行检查，全面正确地评价焊接质量。

焊后最终质量检验包括表面质量检查、焊缝无损探伤、焊接试板质量检验、耐压和致密性检验等。

焊接质量检验是保证焊接质量的重要手段。焊接质量检验的目的在于发现焊接接头的各种缺欠，正确地评价焊接质量，及时地做出相应处理，以确保产品的安全性和可靠性，满足产品的使用要求。所以，焊后应严格遵照技术条件、产品图样、工艺规程和有关检验文件对焊缝进行各种检验，凡超出标准规定的允许缺陷,必须及时返修。

焊接质量检验实施的是三检一验,即自检、互检、专检和产品最终验收。

在焊接产品的生产过程中,根据检验对象选择相应的检验方法是控制焊接产品质量的重要环节。

(1)按检验的数量分类。抽检:用抽查方法检验局部焊缝质量的方法称为抽检,如按焊缝长度或焊缝条数抽检。全检:对所有的焊缝均进行检验。

(2)按检验方法分类。焊接质量的检验方法可分为两大类,即非破坏性检验和破坏性检验。

焊接接头非破坏性检验:采用各种物理的、目视的和量具等手段,不损坏被检查焊接接头性能和完整性而检查其焊接缺欠的检验方法。

焊接接头一般先进行形状尺寸和外观检查,合格后才能进行无损探伤检验。有冷裂纹倾向的钢材的焊接接头应在焊接完成24h后才能进行无损探伤检验。

焊接接头破坏性检验:为了确定焊接接头具有符合要求的使用性能,全面评定焊接接头的质量,除进行焊缝外观检查和内部无损检测外,按技术要求规定还需通过焊制产品焊接试板,从试板上切取所需试样进行拉伸、弯曲、冲击、硬度等力学性能测试。必要时对焊接接头还需进行化学成分分析、金相组织分析等。

五、焊接质量检验记录和文件

焊接质量检验记录是通过对现场焊接的控制和焊缝质量检查的实况数据记录,用以评价出焊缝合格与不合格的原始依据。

焊接检查员应做好焊接质量检验记录,做到记录的及时性、真实性和完整性。凡在现场出现的一切质量情况应及时地认真地记录下来,做到可追溯性。记录应真实,如实记载,做到数据准确可靠,使之能确切反映焊接的实际质量。凡是检验文件中所规定的项目、内容和数据都应按照规定记录,保证检验资料的技术数据准确、齐全、达到规范化,为编制焊接质量证明文件提供翔实依据，为分析和提高焊接质量提供可靠信息和数据。

焊接质量检验记录包含以下内容：

（1）原始记录。包括原材料（母材、焊接材料）型号或牌号、规格及理化检验记录凭证（材质单）、材料代用单、设计和工艺更改单。

（2）焊接实况记录。包括焊接日期、施焊产品名称、图号和产品编号，实际施焊记录（如实际预热温度、实际焊接参数、实际后热条件等），焊后热处理记录，以及焊接工艺纪律执行情况，焊工姓名及焊工钢印代号。

（3）检验记录。包括焊缝外观质量检查记录、焊缝无损探伤方法及检验报告、产品焊接试板无损探伤及理化性能检验报告、焊缝返工记录（返工部位、长度、返工方法、返工次数、不合格项处理单等）。

第三节　闸门、拦污栅、埋件安装的质量控制与检验

一、埋件安装

1. 基本要求

（1）安装前应对埋件作单件或整体复测，各项尺寸应符合设计图纸和规范要求。

（2）预埋在一期混凝土中的锚栓或锚板应按设计图纸制造，由土建施工单位在混凝土开仓浇筑之前通知安装单位对预埋的锚栓和锚板位置进行检查、核对。

（3）埋件安装前，门槽中的模板等杂物必须清除干净，一、二期混凝土的结合面应全部凿毛，二期混凝土的断面尺寸及预埋锚栓和锚板的位置应符合设计要求。

（4）埋件表面焊碴、砂浆及埋件周围的杂物应清除干净。

（5）埋件表面防腐处理，涂料涂装应符合规范要求。

（6）埋件安装位置应与土建孔口中心线和门槽中心线采用同一测量基准线。

2. 平面闸门的埋件安装

（1）平面闸门埋件安装位置公差或允许偏差见 NB/T 35045—2014 中第 8.1.3 的规定。

（2）平面闸门埋件安装平面度应符合 NB/T 35045—2014 中第 8.1.4 的规定。

（3）弧形闸门埋件安装允许偏差应符合 NB/T 35045—2014 中第 8.1.6 的规定。

二、闸门及拦污栅安装

1. 基本要求

（1）闸门、拦污栅在安装前，应按 NB/T 35045 第 9 章进行复查。

（2）分节闸门组装成整体后，还应满足下列要求：

1）节间如采用螺栓连接，则螺栓应均匀拧紧，节间橡皮的压缩量应符合设计要求。

2）节间如采用焊接，则应采用经试验并评定合格的焊接工艺，按规范有关规定进行焊接和检验，焊接时应采取措施控制变形。

（3）闸门安装位置应与埋件和土建采用同一测量基准。

（4）闸门安装后，其关门和开门位置，主横梁应保持水平。

2. 闸门止水检查项目

（1）止水橡皮的螺孔位置与门叶或止水压板上的螺孔位置一致，孔径应比螺栓直径小 1.0mm，并严禁烫孔。

（2）止水橡皮表面应光滑平直，其厚度允许偏差为 ±1.0mm，其余外形尺寸的允许偏差为设计尺寸的 2%。

（3）止水橡皮接头胶合应紧密，宜采用生胶热压，接头处不得有错位、凹凸不平和疏松现象。

三、平面闸门安装

（1）平面闸门安装见 NB/T 35045—2014 中第 8.2 的规定。

（2）弧形闸门安装见 NB/T 35045—2014 中第 8.3 的规定。

（3）人字闸门安装见 NB/T 35045—2014 中第 8.4 的规定。

第四节　启闭机安装质量控制与验收

一、基本要求

（1）卷扬式启闭机出厂前，应进行整体组装和试运转，经检查合格方可出厂。产品必须有合格证和产品说明书及生产许可证。

（2）卷扬式启闭机运到现场后，应对开式齿轮的侧、顶间隙，齿轮啮合接触斑点百分值、轴瓦与轴颈间的顶、侧间隙等进行复测，其结果应符合规范要求。必要时，应对设备进行分解、清扫、检查。

（3）卷扬式启闭机电气设备安装、试验、质量等级评定，应按国家和行业现行的有关标准和规范执行。

（4）启闭机安装位置应与土建闸孔中心和门槽中心用同一基准线。

二、质量检查项目

1. 无负荷试运转检查项目

（1）电动机运转平稳，三相电流平衡，且不超过额定值。

（2）电气设备无异常发热现象。

（3）控制器接头无烧损现象。

（4）限位开关动作准确可靠。

（5）闸门高度指示器指示正确，主令装置动作准确可靠。

（6）所有机械部件运转时，无冲击声和其他异常声音。

（7）各构件连接件无裂纹、松动或损坏现象，减速箱无渗油。

（8）运行时，制动闸瓦应全部离开制动轮，无任何摩擦。

（9）钢丝绳在任何情况下，不与其他部件碰刮。定、动滑轮转动灵活，无卡阻。

2. 带负荷试运转要求

（1）如有条件按 1.25 倍（或设计要求值）的额定负荷做

静负荷试验,其负荷控制器动作应准确、可靠。

(2) 无水压和有水压全行程启闭试验,电气和机械部分运行正常,制动器动作平稳、可靠。

(3) 缠绕在卷筒上的钢丝绳长度,当吊点在下极限位置时,留在卷筒上的圈数一般不少于 4 圈;当吊点在上极限位置时,钢丝绳不得缠绕到卷筒的光筒部分。

3. 快速固定卷扬式启闭机除满足以上各项外,还应满足项目

(1) 在主泵突然停机时应能立即自动下放。开机时能自动提升。

(2) 测试有水状态时启闭机提升和关闭闸门的速度是否满足设计要求。

(3) 快速下放闸门时,在启闭机电机侧,测量其振幅不得超过±0.10mm,噪音不得大于 85dB。

(4) 快速下放时,闸门不得冲击底板,钢丝绳不得松弛。

三、螺杆式启闭机安装

1. 基本要求

(1) 螺杆式启闭出厂前,应进行整体组装和试运转,经检查合格方可出厂。出厂产品必须有合格证和产品说明书。

(2) 螺杆式启闭机运到现场后,应对其主要零部件按"规范"要求进行复测,必要时应对设备进行分解、清扫、检查。

(3) 螺杆式启闭机电气设备安装、试验、质量等级评定,应按国家与行业现行的有关标准和规范执行。

2. 质量检查项目

(1) 无负荷试运转检查项目。

1) 手摇部分应转动灵活平稳,无卡阻现象;手、电两用机构的电气闭锁装置应可靠。

2) 行程开关动作灵敏、准确,高度指示器指示准确。

3) 转动机构运转平稳、无冲击声和其他异常声音。

4) 电气设备无异常发热现象。

5) 齿轮箱无渗油现象。

(2) 带负荷试运转检查项目。启闭机与闸门连接后,做

无水压和有水压全行程启闭试验。

四、液压启闭机安装

1. 基本要求

(1) 液压启闭机出厂前,应进行整体组装和试验,经检查合格,方可出厂。出厂产品必须有合格证和产品说明书。

(2) 液压启闭机运到现场后,结合到货设备具体情况,对其本体和液压元件进行检查或分解、清洗、试压。

(3) 液压启闭机电气设备安装、试验、质量等级评定,应按国家和行业现行的有关标准和规范执行。电接点压力表的电气接点整定值应符合规范或设计要求。

2. 质量检查项目

(1) 油路管道除锈清洗应符合要求。

(2) 管道安装垂直度、水平度和平面度符合规范要求,且固定良好,阀件与管道角向接头无渗漏。电磁阀动作灵敏正确。

(3) 同一扇闸门两侧的油路管道长度应基本相等。

(4) 油箱安装高程、水平度、垂直度应符合规范或设计要求。

(5) 油泵试运转应检查项目:

1) 连续空转 30min 无异常现象。

2) 油泵在 50%、75%、100%工作压力下分别连续运转 15min 和在 1.1 倍额定压力下排油时无振动、杂音和温升过高现象。

3) 主令控制器接通或断开时,闸门所处位置应符合要求,高度指示器准确。

4) 无水手动操作试验,闸门升降灵活,无卡阻现象。

5) 无水自动操作试验,闸门升降灵活,快速闭门时间符合要求。

五、门式启闭机安装

1. 基本要求

(1) 门式启闭机出厂前,应进行整体组装和试运转,经检查合格方可出厂。出厂产品必须有产品合格证和产品说明书。

（2）门式启闭机运到现场后，应对开式齿轮的侧、顶间隙，齿轮啮合接触斑点百分值和轴瓦、轴颈的顶、侧间隙以及主梁的上拱度、旁弯度等进行复测，其结果应符合规范规定。

（3）门式启闭机电气设备安装、试验、质量等级评定，应按国家与行业现行有关的标准和规范执行。

2. 质量检查项目

（1）无负荷试运转。

1）电动机运行平稳、三相电流平衡。

2）电气设备无异常发热现象。

3）限位、保护联锁装置动作正确可靠。

4）控制器接头无烧毁现象。

5）大、小车行走时，滑块滑动平稳，无卡阻和严重冒火花现象。

6）机械部件运转时，无冲击及异常声响。

7）轴承及齿轮润滑良好，机箱无渗油，轴承温度≤65℃。

8）钢丝绳与其他部件不碰刮，定、动滑轮运转灵活，无卡阻。

（2）静负荷试验。

1）升降机构制动器能制止住 1.25 倍额定负荷时升降，且动作平稳可靠。

2）小车在桥架跨中，起吊 1.25 倍额定负荷，停留 10min 卸荷检查桥架主梁上拱度应大于 $0.8L/1000$。小车在桥架跨中，起吊额定负荷，主梁下挠度应小于 $L/700$（L—跨度）。

（3）动负荷试验。

1）升降机在 1.1 倍额定负荷下升降自如，动作平稳、可靠。

2）行走机构制动器能刹住大车及小车，车轮不打滑，也不引起振动及冲击。

六、推杆式启闭机安装

1. 基本要求

（1）推杆式启闭机出厂前，应进行整体组装和试运转，经检查合格方可出厂。产品出厂必须有合格证和产品说明书。

（2）推杆式启闭机送到现场后，应按"规范"要求对其主要零部件进行复测，必要时，应对设备进行分解、清扫、检查。

（3）推杆式启闭机电气装置安装，试验质量等级评定，应按国家和行业现行的有关标准和规范执行。

2. 质量检查项目

（1）启闭机的安装高程应以门顶推杆座中心高程为基准。

（2）无水试运行时，关门开门限位开关动作准确。

（3）机械运转件上无铁屑、油污。

（4）设计水位差时，开门、关门机械运行和闸门启闭平稳，无异常声音。

（5）机械转动部件润滑情况良好。

七、启闭机安装质量评定

启闭机安装单元工程质量评定标准如下：

（1）在基本要求（检查项目）合格的基础上，全部检测项目符合合格标准，试运行符合规范要求，即评为合格。

（2）在合格的基础上，主要检测项目均符合优良标准，一般检测项目有 50% 以上符合优良标准，即评为优良。

八、闸门与启闭机联动检验

1. 施工时间

启闭机与闸门联动检验应在工程放水前和放水后分别进行。

2. 合格标准

（1）各单元门体（栅体）、埋件的制作、安装质量及金属结构防腐蚀质量全部合格。

（2）各单元启闭机安装质量检查项目全部符合要求，安装质量检测项目全部合格，各种试运转情况均正常。

（3）闸门启闭过程中滚轮、顶枢、底枢、活塞杆、齿轮、齿条等转动部位运行正常，闸门启闭过程中无卡阻，启闭设备左右两侧同步动作，止水橡皮无损伤。

（4）止水橡皮与接触面无间隙、不透光。闸门在承受设计水头压力时，通过任意 1m 长止水橡皮范围内漏水量不超过 0.1L/s。

(5)启闭机与闸门联动试验时,检查闸门在关门和开门位置,闸门横梁均应保持水平。

第五节　压力钢管安装质量控制与验收

(1)钢管安装前,应将钢管中心、高程和里程等控制点测放到附近的永久或半永久构筑物或牢固的岩石上,并做出明显标识。

(2)凑合节现场安装时的余量宜采用全位置半自动切割。

(3)钢管支墩应有足够的强度和稳定性,钢管在安装过程中不应发生位移和变形。

(4)管壁上不宜随意焊接临时支撑或脚踏板等构件。

(5)埋管安装。

(6)埋管安装中心的极限偏差应符合 GB 50766—2012 要求。

(7)始装节的里程极限偏差为±5mm,弯管起点的里程极限偏差为±10mm。始装节两端管口垂直度为±3mm。

(8)钢管横截面的形状偏差应符合下列规定:

1)圆形截面的钢管,圆度(指同端管口相互垂直两直径之差的最大值)的偏差不应大于 5D/1000、最大不应大于 40mm,每端管口至少测两对直径;

2)椭圆形截面的钢管,长轴 a 和短轴 b 的长度与设计尺寸的偏差不应大于 5a(或 5b)/1000 且极限偏差±8mm;

3)矩形截面的钢管,长边 A 和短边 B 的长度与设计尺寸的偏差不应大于 5A(或 5B)/1000 且极限偏差±8mm,每对边至少测三对,对角线差不大于 6mm;

4)正多边形截面的钢管,外接圆直径 D 测量的最大直径和最小直径之差不应大于 3D/1000 最大相差值不应大于 10mm,且与图样标准值之差的极限偏差±8mm。

5)非圆形截面的钢管局部平面度每米范围内不大

于 6mm。

①拆除钢管上的工卡具、吊耳、内支撑和其他临时构件时,不得使用锤击法,应用碳弧气刨或热切割在离管壁 3mm 以上切除,切除后钢管上残留的痕迹和焊疤应磨平,并检查确认无裂纹。对高强钢宜采用《焊缝无损检测 焊缝磁粉检测》(GB/T 26951—2011)有关规定或《焊缝无损检测 焊缝磁粉检测验收等级》(GB/T 26952—2011)和《焊缝无损检测 焊缝渗透检测验收等级》(GB/T 26953—2011)有关规定探伤检查。如发现裂纹应用砂轮磨去,并复验确认裂纹已消除为止。

②钢管内、外壁的局部凹坑深度不大于板厚的 10%,且不大于 2mm,可用砂轮打磨,平滑过渡,否则应按规定进行焊补。

③灌浆孔螺纹应设置空心螺纹护套后,方可进行灌浆施工。

④灌浆孔堵头采用熔化焊封堵时,灌浆堵头的坡口深度 7~8mm 为宜。对于有裂纹倾向的母材,焊接时应进行预热和后热。而灌浆孔堵头采用黏结法或缠胶带法封堵时,应进行充分论证和试验。

⑤灌浆孔堵焊后应进行全面外观检查。应采用 GB/T 26951—2011、GB/T 26952—2011、GB/T 26953—2011 有关规定探伤检查,碳素钢和低合金钢应按不少于 10%个数,高强钢应按不少于 25%个数的比例进行抽查,当发现裂纹,则应进行 100%检查。

⑥钢管安装后应与支墩和锚栓焊牢,防止浇筑混凝土时移位。

⑦钢管宜采用活动内支撑。当采用固定支撑时,内、外支撑应通过与钢管材质相同或相容的连接板(或杆件)连接过渡焊接。

(9) 明管安装。

1) 鞍式支座的顶面弧度,用样板检查其间隙不应大于 2mm。

2）滚轮式、摇摆式和滑动式支座支墩垫板的高程和纵、横向中心的偏差，极限偏差为±5mm，与钢管设计轴线的平行度不应大于2/1000。

3）滚轮式、摇摆式和滑动式支座安装后应能灵活动作，不应有任何卡阻现象，各接触面应接触良好，局部间隙不应大于0.5mm。

4）钢管的内支撑、工卡具、吊耳等的清除检查以及钢管内、外壁表面凹坑的处理、焊补应遵守埋管安装中的有关规定。

5）波纹管伸缩节安装时，应按产品技术要求进行。

6）波纹管伸缩节焊接时不得将地线接于波纹管的管节上。

7）在焊接两镇墩之间的最后一道合拢焊缝时，应拆除伸缩节的临时紧固件。

第六节　除锈和防腐处理

一、概述

金属结构的除锈和防腐处理是金属结构承包单位容易忽视的一项工作，也是金属结构工程的薄弱环节。水工金属结构长期处于水下或干湿交替环境下，极易受腐蚀。金属结构受到腐蚀后，不仅结构本身的承载能力下降，而且还会影响金属结构的安全。各级质检人员必须对除锈和防腐处理工作给与高度重视，对各个工序进行严格的检查验收，这是确保金属结构防腐处理质量的基础。

金属结构喷锌处理是目前较普通的一种防腐保护措施，其有效寿命可达20年。为确保金属结构工程的防腐处理，应抓好以下工作：对水工金属结构的除锈质量按照设计要求验收，检查原材料出厂合格证或复验报告，防腐处理前彻底清除构件表面的泥土、油污等杂物。防腐处理施工应在无尘、干燥的环境中进行，且温度、湿度符合规范规定。喷锌层要符合设计要求。认真检查表面保护层的附着力，严格进行外观检查验收,保证防腐处理质量符合规范及标准要求。

二、金属结构防腐蚀

金属结构防腐蚀基本要求如下:

(1)水工金属结构在涂装前必须进行表面预处理。表面预处理时,空气相对湿度应低于85%,基体金属表面温度不低于大气露点以上3℃。

(2)构成涂层系统的所有涂料应由同一涂料制造厂生产。表面预处理与涂装之间的间隔时间尽可能缩短。潮湿环境在4h内涂装完毕,晴天不应超过12h,各层间的涂覆间隔时间按厂方的规定执行。

(3)金属热喷涂保护系统应包括金属喷涂层和涂料封闭层。金属热喷涂和涂料的复合保护系统还应在涂料封闭后涂覆面漆。表面预处理与金属喷涂的间隔时间符合第2)项的要求,金属喷涂完成后在涂装封闭层前应检查其厚度符合第5)项的要求。涂料封闭宜在金属喷涂层尚有余温时进行,宜采用刷涂方式施工。

(4)表面预处理、涂料保护、金属热喷涂保护的材料及施工工艺等,应符合《水工金属结构防腐蚀规范》(SL 105 - 2007)的有关规定。

(5)金属热喷涂厚度不小于设计值,设计无规定时,最小局部厚度满足如下要求:内河建筑物:不小于160μm;沿海挡潮建筑物:不小于200μm;金属热喷涂封闭后加涂面漆时,金属热喷涂厚度应:不小于120μm。

参 考 文 献

[1] 王国凡,张元彬,罗辉,张青,霍玉双. 钢结构焊接制造 [M].北京:化学工业出版社,2004.

[2] 李亚江,刘强,王娟. 焊接质量控制与检验(第三版)[M]. 北京:化学工业出版社,2014.

[3] 盛旭军,何佩排,赵丽丽. 水利工程启闭机焊接部分[M]. 北京:中国水利水电出版社,2010.

[4] 张政. 金属结构制造与安装[M].北京:水利电力出版社, 1995.

[5] 中华人民共和国水利部. 水工金属结构防腐蚀规范:SL 105—2007[S].北京:中国水利水电出版社,2013.

[6] 中华人民共和国能源局. 水电工程钢闸门制造安装及验 收规范:NB/T 35045—2104[S].北京:中国电力出版社, 2014.

[7] 汪正荣. 简明施工工程师手册[M].北京:机械工业出版 社,2004.

内容提要

本书是《水利水电工程施工实用手册》丛书之《金属结构制造与安装》分册，以国家现行建设工程标准、规范、规程为依据，结合编者多年工程实践经验编纂而成。全书共9章，分上、下两册。上册内容包括：金属结构焊接、焊接质量检验、水工金属结构防腐蚀、水工钢结构的制作；下册内容包括：水工钢闸门及埋件安装、水利水电压力钢管制造、水利水电压力钢管安装、水利水电工程启闭机安装、金属结构工程质量控制检查与验收。

本书适合水利水电施工一线工程技术人员、操作人员使用，可作为水利水电金属结构制造与安装工程施工作业人员的培训教材，亦可作为大专院校相关专业师生的参考资料。

《水利水电工程施工实用手册》

工程识图与施工测量　　　　　堤防工程施工

建筑材料与检测　　　　　　　疏浚与吹填工程施工

地基与基础处理工程施工　　　钢筋工程施工

灌浆工程施工　　　　　　　　模板工程施工

混凝土防渗墙工程施工　　　　混凝土工程施工

土石方开挖工程施工　　　　　金属结构制造与安装（上册）

砌体工程施工　　　　　　　　金属结构制造与安装（下册）

土石坝工程施工　　　　　　　机电设备安装

混凝土面板堆石坝工程施工